彩图 1　猝倒病

彩图 2　立枯病

彩图 3　疫病

彩图 4　炭疽病

彩图 5　枯萎病

彩图 6　软腐病

彩图 7　细菌性叶斑病

彩图 8　病毒病

彩图 9　日灼病

彩图 10　棉铃虫

彩图 11　烟青虫

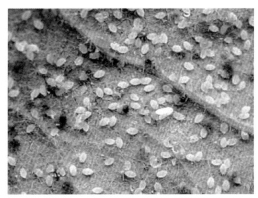

彩图 12　白粉虱

彩图 13　蚜虫

彩图 14 茶黄螨

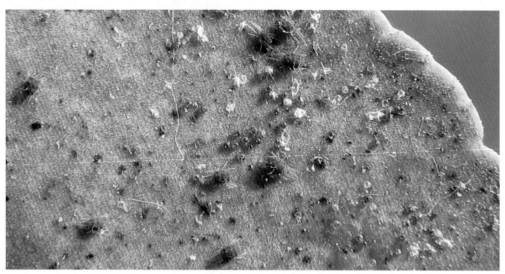

彩图 15 红蜘蛛

彩图 16 蓟马

彩图 17 蛴螬

河南省"四优四化"科技支撑行动计划丛书

优质朝天椒标准化生产技术

主编　姚秋菊　王强　张涛　冯迎娥

中原农民出版社
·郑州·

本书编委会

主　编　姚秋菊　王　强　张　涛　冯迎娥
副主编（排名不分先后）
　　　　韩娅楠　程志芳　黄　松　孙凯乐　张瑞霞　曹　贤
参　编（排名不分先后）
　　　　贾延钊　常晓轲　刘　卫　张仙美　陈传亮　张　强
　　　　王　彬　张　英　王　琰　艾瑞璞　杨爱军　杨新芳
　　　　张　恒　董海英　李大勇　杨　威　王向晖

图书在版编目（CIP）数据

优质朝天椒标准化生产技术 / 姚秋菊等主
编. —郑州：中原农民出版社，2020.12
　　ISBN 978-7-5542-2341-3

　　Ⅰ．①优… Ⅱ．①姚… Ⅲ.①辣椒－蔬菜
园艺－标准化 Ⅳ.①S641.3-65

中国版本图书馆CIP数据核字（2020）第224674号

优质朝天椒标准化生产技术
YOUZHI CHAOTIANJIAO BIAOZHUNHUA SHENGCHANJISHU

出　版　人：刘宏伟
选题策划：段敬杰
责任编辑：苏国栋
责任校对：王艳红
责任印制：孙　瑞
装帧设计：杨　柳

出版发行　中原农民出版社
　　　　　地址：郑州市郑东新区祥盛街 27 号　　邮编：450016
　　　　　电话：0371-65713859（发行部）　0371-65788652（天下农书第一编辑部）
经　　销　全国新华书店
印　　刷　河南省诚和印制有限公司
开　　本　787mm×1092mm　1/16
印　　张　6
彩　　页　4
字　　数　104 千字
版　　次　2021 年 10 月第 1 版
印　　次　2021 年 10 月第 1 次印刷
定　　价　30.00 元

如发现印装质量问题，影响阅读，请与印刷公司联系调换。

前　言

　　朝天椒是对椒果朝天（朝上或斜朝上）生长的一类辣椒的统称，一般分为单生和簇生两种。朝天椒果实较小，辛辣味较浓，具有一定的经济、医药价值，在日常生活中有较广泛的使用。

　　近年来，随着消费者对口感和食用安全性（农药、化肥和重金属残留是否超标）等质量标准要求的提高，生产者在生产过程中既要严格控制生产资料的投入量及种类，实现农业绿色发展，又要合理规范种植，以保证周年供应，这就需要科研工作者将先进的科学技术和成熟的经验推广应用到农业生产和经营活动中，使经济、社会和生态效应达到最佳水平，实现朝天椒生产优质化、标准化、产业化。

　　为了推动农业供给侧结构性改革，加快农业种植方式转化及种植结构的调整，促使辣椒布局区域化、经营规模化、生产标准化、发展产业化，促进农民增收，加快推进乡村振兴，我们结合多年辣椒育种、栽培经验，并广泛收集朝天椒种植区域的成功栽培经验，编写了本书稿。

　　本书内容包括概述，优质朝天椒的土地选择与肥料使用标准，设施选择与设备配套，朝天椒品种介绍及育苗，水肥一体化、机械化配套及应用技术，朝天椒生产技术，朝天椒的病虫草害防治技术，采收及采后处理技术。

由于专业水平有限，书中不妥之处，欢迎广大读者批评指正。

编　者

2019 年 7 月

目录

一、概　　述

（一）朝天椒的特征、特性和用途

1. 朝天椒的植物学特征　朝天椒属茄科辣椒属一年生或多年生半木质性植物，是对椒果朝天（朝上或斜朝上）生长的一类辣椒的统称。一般分为簇生朝天椒和单生朝天椒两种，常作一年生栽培。簇生朝天椒属于有限生长类型（自封顶类型），分枝多、茎直立、单叶互生，果实簇生于枝端。单生朝天椒属于无限分枝类型，果实单生于二分杈间，侧枝旺盛，采收时间长。

1）根　朝天椒根属于直根系，分为主根、侧根、支根和毛根。主根上粗下细，在疏松的土壤中可入土 40 ～ 50 厘米；在耕层浅、板结、贫瘠的地块中入土较浅。侧根开始水平发展，长达 40 厘米，以后逐渐向下生长，主要分布在地表以下 40 ～ 50 厘米土层中。与番茄、茄子等茄科其他蔬菜相比，朝天椒根系发育弱，再生能力差，根量少。

2）茎　朝天椒茎直立生长，茎基部木质化，株高一般在 60 ～ 80 厘米，植株冠幅一般在 40 ～ 60 厘米，侧枝一般为 3 ～ 6 枝，始花节高在 30 ～ 50 厘米。朝天椒的株型依据形状可以分为 I 形、Y 形、倒锥形、伞形、纺锤形等；依据枝叶松紧程度可以分为松散型和紧凑型等。朝天椒茎的分枝类型有两种：无限分枝型通常植株较高，单生朝天椒常属于无限分枝型；有限分枝型通常植株较矮，簇生朝天椒常属于有限分枝型。无限分枝型指主茎长到 20 ～ 26 片真叶时开始分杈，主茎上端一分为三或者一分为二，对称地长出 2 ～ 3 个分枝，在分枝正中间，原主茎生长点分化成花蕾，开花结果；以后每个分枝再一分为二或者一分为三地依次进行新的分枝。有限分枝型指当主茎长到一定叶数后，顶芽分化出簇生的多个花芽，花簇封顶，由花簇下面的腋芽抽出长枝形成侧枝；侧枝顶端形成花簇封顶后，在侧枝的腋芽生出副侧枝；副侧枝的顶端形成花簇，然后封顶，此后植株不再分枝。

3）叶 朝天椒的叶片分为子叶和真叶两种叶片类型。朝天椒幼苗出苗后最早出现的两片大小相等、形状相同、呈披针状对生的叶片为子叶，以后再长出的叶片为真叶。子叶初生为黄绿色，以后逐渐变成绿色，随着植株的长大逐渐枯萎脱落。在真叶展开以前，朝天椒幼苗主要靠种子中储藏的养分和子叶进行光合作用制造的养分生长。种子不饱满，子叶瘦弱畸形；土壤水分不足，子叶皱缩；水分过多或光照不足，子叶发黄，提前凋零脱落。子叶一般应在长成8片真叶以后自动脱落，如果脱落过早，则表明苗期管理不当。朝天椒的真叶由叶片和叶柄组成，叶片为单叶，在茎上按2/5的叶序互生。朝天椒叶形主要有长披针形、阔披针形、长卵圆形、阔卵圆形；叶缘主要有缺刻和无刻；叶尖有钝尖、渐尖、急尖等；叶色主要有绿色、深绿色、黄绿色、紫色等。

4）花 朝天椒的花由花芽发育而成，苗期三四片真叶展开后就开始进行花芽分化，是两性花，属于常异花授粉作物，自然杂交率在15%左右，属于虫媒花。朝天椒的花大多数为白色，少数绿白色、淡黄色或紫色；多数为单生，少数为簇生，极少数为双生。

朝天椒花朵较小，为完全花，由花柄和花朵两部分组成。花朵由花萼、花冠、雄蕊、雌蕊组成。雄蕊由5～6个花药组成，围生于雌蕊外面；花药长圆形，浅紫色，成熟时纵裂，散发出花粉。雌蕊由柱头、花柱和子房三部分组成。柱头上有乳状凸起，便于黏着花粉，一旦授粉条件合适，花粉落在柱头上发芽，花粉管伸长，通过柱头到达子房使胚珠受精，便形成种子。

5）果实 朝天椒果实为浆果，由子房发育而成，属于小型果，辣味浓。朝天椒果柄细长，果实形状有粗指形、细指形、长指形、短指形、小线形、短线形、小圆锥形、短圆锥形、宽圆锥形、鸡心形、樱桃形、扁圆球形、长圆球形、灯笼形、柿子形等。朝天椒成熟前果色多为绿色和深绿色，少数为浅绿色、黄色、淡黄色、紫色、白色；成熟后果色绝大多数为红色和深红色，少数为橘红色、黄色、紫色，极少数品种为五彩色。椒果显现不同的颜色主要是因为果皮中含有不同的色素，如红果果皮中主要含有辣红色素、叶黄素、胡萝卜素和花青素。朝天椒果长一般为3～10厘米，果宽一般为0.7～2.5厘米，果肉厚度为1.0～1.5毫米，单果重一般为3～5克。

朝天椒果实辣味浓度主要由品种遗传特性决定，与椒果辣椒素含量成正比，一般朝天椒椒果的辣椒素含量在0.3%～0.9%。朝天椒果实中含有挥发性香油精，形成特殊的辣椒香味，香味浓度大小与椒果香油精多少成正比。辣椒香味与辣度无关，一般情况下，辣度高的品种香味较淡；辣椒籽多的品种香味较浓。

6）种子 朝天椒种子扁平，为短肾形，黄色或淡黄色。种子大小因品种不同略有差异，一般长3～3.5毫米，宽2.5～3毫米，厚约1毫米，千粒重为4～7克。朝天椒种子主要着生在胎座上，少数种子着生在种室隔膜上；朝天椒的胎座不发达，种子腔很大，种室2～3个，不同品种每个椒果中的种子数量差异很大，一般在40～130粒。种子寿命为3～5年，生产上所用的种子一般为1～2年。新鲜的种子有光泽，随着储存年限的增加逐渐失去光泽。

2. 朝天椒的生物学特性

1）朝天椒熟性 熟性是指作物生长发育快慢或成熟早晚的特性，朝天椒品种熟性主要以始花节位或者定植到采收红熟椒的时间长短划分，具体见表1-1。

表1-1 朝天椒品种熟性划分

熟性	划分依据	
	始花节位	定植到采收红熟椒的时间
极早熟品种	8节以下	65天以下
早熟品种	8～12节	65～80天
中熟品种	12～16节	80～100天
晚熟品种	16～20节	100～120天
极晚熟品种	20节以上	120天以上

2）朝天椒的生育时期和生育阶段

（1）生育时期 朝天椒生育时期可以分为播种期、出苗期、现蕾期、开花期、坐果期、转色期、红熟期、完熟期等8个时期。朝天椒生育期的长短受品种、气候以及栽培方式的不同有较大差别，一般为200～230天。

（2）生育阶段 朝天椒生育阶段一般分为发芽期、幼苗期、开花坐果期、结果期等4个阶段。①发芽期是指从播种到出苗的这段时期，在环境适宜的条件下一般需要10～12天。这一阶段幼苗由异养过渡到自养，开始吸收养分制造营养物质，生长量比较小。管理上应促进种子迅速发芽出土，减少发芽出土过程中种子内养分的消耗，促使幼苗尽快转入自养；如果发芽出土时间过长，种子内养分消耗过多，极易因营养不良形成弱苗。朝天椒发芽出土快慢，主要取决于苗床或者直播椒田的温度、湿度及通气状况。在适宜温度范围内，温度越高发芽出苗越快；土壤通气良好发芽出土快，若床土太湿易引起烂籽缺苗。另外，成熟度高的饱满种子发芽快，出苗整齐，幼苗长势强；成熟度差的种子发芽慢，出苗不整齐，幼苗长势弱；新种子发芽出苗快，陈种子发芽出苗慢；因此，要选用饱满充实的新种子。②幼苗期是指从第一片真叶出现到第一朵花现蕾这段时间。幼苗期是朝天椒营养生长的关键时期，其长短受苗期的环境条件和品种熟性影响，一般早春小拱棚育苗朝天椒幼苗期为80～90天，春露地直播朝天椒幼苗期为50～60天。一般将株高与茎的直径比值作为判断幼苗是否健壮的主要指标，比值越大表明幼苗越细弱；比值越小表明幼苗越粗壮；但比值过小也可能是因为幼苗老化的原因。不同品种、不同生长阶段，幼苗的株高、茎的直径比值差异很大，应分品种制定不同生长阶段的正常比值标准。③开花坐果期是指从第一朵花现蕾到第一朵花坐果，一般为13～15天。开花坐果期与朝天椒产量有密切关系，此期间如果授粉受精不良，易落花落果，严重影响产量。此期间温度过高或过低，会降低花粉活力，使授粉受精不能正常进行而影响坐果。如果持续高温或者干旱，应及时补足水分，降低地温及株间温度；如果土壤积水，应及时排涝。另外，土壤肥沃，植株生长健壮，则花器饱满，坐果率高；土壤贫瘠，植株生长营养不良，则易落花落果。④结果期是指从第一朵花坐果到成熟这一段时间，一般一个椒果从坐果到成熟约40天，常分为膨大阶段、转红阶段和成熟阶段。膨大阶段指从坐果到椒果长成绿熟期，一般为20天；此阶段果实重量和体积迅速增加至完成形态发育，然后椒果体积停止膨大，果实变硬，呈现深绿色，达到绿熟。转红阶段是指从椒果绿熟到红熟，一般需要10～13天；此阶段椒果皮中叶绿素含量逐渐减少，辣椒红色素含量逐渐增加，果实一般由青转紫，由紫转红，体积不再增加，果实内含物仍在充实，直到果皮中叶绿素、花青素全部消失，整个椒果全部变红。成熟阶段是指从红熟到完熟，一般需要7～10天，主要是进一步增加椒果的干物质积累；完熟主要特征是种子充分发育，种胚具有繁衍后代的能力，繁育种子的椒果需要在完熟后收获。结果期是朝天椒产量形成的关键时期，也是营养生长与生殖生长矛盾最突出时期，这一段时间需要通过水肥管理等农艺措施，改善田间生态环境，协调营养生长和生殖生长的关系，保证植株良好长势。

3）朝天椒对环境条件的要求　朝天椒对环境的要求不太严格，一般条件下都可以生长，但要获得较高产量，就要选择合适的温度、湿度、光照、水分、养分等环境条件。

（1）温度　温度是影响朝天椒生长发育过程中的一个基本因素，朝天椒不同生育期对温度要求不同。一般来说，朝天椒种子发芽适宜温度为25～30℃，在此温度下4～5天就可以发芽；低于15℃,种子发芽缓慢；高于35℃,种子发芽受到抑制。出芽后（幼苗期）白天维持在20～25℃，夜间15～18℃，保持昼夜温差防止幼苗徒长。茎叶生长期白天27℃左右，夜间20℃左右，此阶段主要防止植株徒长影响正常开花结果。开花结果期适宜温度白天维持在20～27℃，夜间15～20℃；低于15℃植株生长缓慢，难以授粉，易引起落花落果；高于35℃，花器发育不全或柱头干枯，容易受精不良，造成落花落果。果实发育和转色期温度为25～30℃，高于30℃，低于15℃不利于着色。另外，不同品种对温度的要求也有一定差异，大果型品种多数比小果型品种更不耐高温。

（2）湿度　湿度也是影响朝天椒正常生长发育的一个重要因素。一般来说，朝天椒生长要求空气相对湿度50%～65%。朝天椒幼苗期空气相对湿度过大，容易引发病害；初花期湿度过大会造成落花；盛花期空气过于干燥，也会造成落花落果；湿度小影响花器官发育；土壤水分多，空气湿度高，易发生沤根，叶片、花蕾、果实黄化脱落；若遭水淹没数小时，将导致成片死亡。

（3）光照　朝天椒为中光性作物，对光周期要求不严格，不论日照时间长短，只要温度和营养条件适宜，都能进行良性生长。朝天椒种子在黑暗条件下易发芽。幼苗期生长需要足够的光照，光照充足幼苗节间短、茎粗壮、叶片肥厚、颜色浓绿、根系发达，抗逆性强，不易感病；光照不足幼苗节间长、茎细、叶薄、色淡，抗性差。朝天椒光合作用的光补偿点为1 500勒克斯，光饱和点为30 000勒克斯。因此，成株期需要满足光补偿点并且不超过光饱和点的前提下尽量增加光照，此阶段光照不足往往造成植株徒长，茎秆瘦长，叶片薄，花蕾、果实发育不良，容易出现落花、落果、落叶现象；但是在夏季，当光照强度超过朝天椒光饱和点时，易引起叶片干旱，生长发育受阻，气孔关闭，光合作用反而下降，甚至造成叶片灼伤。为了缓解露地夏季强光对朝天椒生长带来的影响，近年来许多地区开展了朝天椒玉米套种、朝天椒芝麻套种等模式，既提高了作物的光能利用率和复种指数，也在一定程度上为朝天椒生长提供了有利条件，减轻其灼伤现象。

（4）水分　朝天椒不耐涝，比较耐旱，但由于根系较小，需经常保持适当的水分才能生长良好，要求土壤含水量在15%～25%，田间持水量在60%～80%。一般大型果品种需水量较大，小型果品种需水量较小。朝天椒种皮较厚、吸水较慢，故栽培上要浸种催芽，通常种子浸于水中 8 ~ 12 小时，充分吸水后可促进发芽。从定植到开花结果，土壤水分要稍微少些，以避免茎叶徒长；初花期，由于植株生长量大，需水量随之增加，特别果实膨大期，需要供给充足的水分；结果期，是需水量最大的时期，如果这段时间水分不足，果实就会发育不良，产量将大大降低。

（5）养分　朝天椒比较耐瘠薄，对地质要求不严格，适应性广，沙土、黏土、壤土地均可种植，但盐碱地上生长不良，土壤的适宜 pH 为 6.5 ~ 8。朝天椒对氮、磷、钾肥料均有较高的要求，对氮的需求最多，占 60%；钾次之，占 25%；磷占 15%。此外还需要吸收钙、镁、铁、硼、钼、锰等多种微量元素。一般来说，朝天椒幼苗期需肥量较少，但养分要全面，否则会妨碍花芽分化，推迟开花和减少花数；初花期多施氮素肥料，会引起徒长而导致落花落果，枝叶嫩弱，诱发病害；结果期需要充足的氮、磷、钾养分，增加种子的千粒重。

3. 朝天椒的用途　朝天椒的用途非常广泛，不仅可鲜食、加工食品，还可作调味料和医药、化工、军工等方面的原料。朝天椒作为鲜食用时，可在青椒未红熟，或者完全红熟，但未风干，直接食用。其用于加工食品时，有初级加工、半成品加工以及深加工：初级加工和半成品加工，通过干制、油制、腌制、制酱、泡渍、粉碎等方法加工成辣椒酱、辣椒油、泡辣椒、辣椒干、辣椒粉等；朝天椒用于深加工、精加工时，主要是在食品、医药、化工、军工等行业中应用，如利用朝天椒果实中含有辣椒素（辣椒碱、二氢辣椒碱等）作为食品添加剂等。

（二）朝天椒的种植现状

目前，朝天椒已成为我国许多地区的主要经济支柱作物，其中河南省、河北省栽培面积较大，山东、山西、江西、陕西、天津、安徽、山东、内蒙古、贵州、四川、湖南、新疆等地均有栽培。河北省主产区为衡水市冀州区、枣强县、故城县、景县，保定市望都县，邯郸市鸡泽县、永年区，邢台市平乡县等；天津市主产区为宝坻区、静海区等；安徽省主产区为亳州市、淮南市等；山西省主产区为运城市等；山东省主产区为曹县、鱼台县、金乡县、武城县、胶州市等；河南省主产区为漯河市临颍县，商丘市柘城县、永城市、民权县，安阳市内黄县，濮阳市清丰县，开封市杞县、尉氏县、通许县，周口市扶沟县、太康县，洛阳市新安县，南阳市邓州市、淅川县、方城县等。河南省朝天椒生产面积达 224 万亩，居全国第一位，占河南省秋作物面积的 1.8%，种植以套种为主。

（三）朝天椒的种植特点及优质化、标准化、产业化的概念

1. 朝天椒的种植特点　朝天椒的种植特点是用工少、投资小、效益高，生产技术简单，见效快，适应性强。

1）用工少、投资小、效益高　种植朝天椒省工，除育苗、移栽、收摘、晾晒用工较多外，田间管理只需化学除草 2 ~ 3 次，喷药防治病虫害 2 ~ 3 次，不需要更多投工。除了土地成本外，朝天椒每亩投资包括种子、地膜、肥料和农药等生产资料成本以及育苗、定植、施肥、打药、采摘等劳动用工成本合计约 1 500 元。朝天椒平均亩产鲜椒 1 500 千克，一般售价在 2.4 元 / 千克以上，亩净收益稳定在 2 000 元以上；碰到朝天椒行情较好的年份，如 2018 年和 2019 年，朝天椒平均售价在 10 元 / 千克以上，每亩收入可达万元。

2）生产技术简单　朝天椒的种植技术与大棚蔬菜、瓜果、烟叶、棉花以及植桑养蚕等所需技术相比较为简单，除育苗技术比较复杂外，其他技术只需要经过几小时的培训，农民便可掌握其关键技术，家家都能种，人人都会种。

3）见效快　朝天椒的生长期只有 8 个月，春季栽培，秋季收获，可以根据市场变化随时调整种植规模。若今年预测朝天椒市场形势好，可多种一点；明年市场疲软，可少种一点。所以，种植朝天椒当年即有收益。

4）适应性强　朝天椒适应性强，较耐旱、耐盐，稳产，易种好管；春茬、夏茬、间作套种等多种模式均可以采用，即便是与幼龄果树及桐树间作，也可以获得较高的经济效益。平原、沙滩、山坡、丘陵、旱地不同地形及沙土、黏土、两合土等不同土质都能种植朝天椒。

2. 朝天椒优质、标准化、产业化的概念

1）朝天椒优质　朝天椒优质主要针对朝天椒椒果质量标准而言，首先要求农药及重金属残留量应符合最新国家标准要求；其次是通过感官指标来评判，优质的标准一般为色泽鲜红或深红色，有光泽，大小均匀，有辣椒特有香气，无不良滋味，无外来杂质，无腐烂变质，外观色泽一致等。

2）朝天椒标准化　标准化是农业现代化建设的一项重要内容，它通过把先进的科学技术和成熟的经验组装成农业标准，推广应用到农业生产和经营活动中，把

科技成果转化为现实的生产力，从而取得经济、社会和生态的最佳效益，达到高产、优质、高效的目的。朝天椒标准化是以朝天椒生产为对象的标准化活动，即运用"统一、简化、协调、选优"的原则，通过制定和实施标准，把朝天椒生产产前、产中、产后各个环节纳入标准生产和标准管理的轨道进行生产的全过程。

3）朝天椒产业化　朝天椒产业化是以市场为导向，以经济效益为中心，以主导产业、产品为重点，优化组合各种生产要素，实行区域化布局、专业化生产、规模化建设、系列化加工、社会化服务、企业化管理，形成产供销、贸工农、农工商、农科教一体化经营体系，使朝天椒产业走上自我发展、自我积累、自我约束、自我调节的良性发展轨道的现代化经营方式和产业组织形式。它的实质是对传统农业进行技术改造，推动农业科技进步的过程。这种经营模式从整体上推进传统农业向现代农业的转变，是加速农业现代化的有效途径。

（四）朝天椒产业存在的问题及发展前景

1. 朝天椒产业存在的问题　20 世纪 90 年代以来，我国辣椒产业发展迅速，种植面积已超过全球的 1/3，辣椒产量约占全球辣椒总产量的 50%，朝天椒产业同样发展迅速，但存在着数量和规模扩张突出，而质量和效益不高的问题，朝天椒产业发展滞后。

1）朝天椒新品种选育技术难以满足产业发展的需要　我国最初的朝天椒品种主要是以从日本、韩国引进的一些常规品种为主。20 多年来，朝天椒生产上仍然是品种结构单一，常规品种多，杂交品种少，尤其缺少脱水快，易干制，抗倒伏，高辣椒红色素含量的加工型朝天椒品种。由于良种繁育体系不健全，连续种植多年，重茬严重，品种混杂，退化严重，造成朝天椒内在品质下降,病虫害大面积发生。同时，市场上朝天椒品种多、乱、杂，同种异名、异种同名现象突出。朝天椒种子产业化经营水平低，种子公司虽然数以百计，但经营规模小，年销售额 5 000 万元以上的寥寥无几。对朝天椒育种研究重视程度不够，专业从事朝天椒育种的研究人员匮乏，育种技术落后，现代生物技术研究开展利用少，杂种优势利用主要是双亲杂交为主，辣椒雄性不育利用的研究工作开展较少，核不育型和胞质不育型的研究起步较晚，成果不多。

2）朝天椒生产中存在的问题　国内朝天椒生产技术落后,管理粗放,投入不足,机械化、标准化程度较低，导致朝天椒单产低、品质差。目前，生产上缺乏朝天椒专用肥料，许多地区没有按照朝天椒的需肥规律施肥，只重视氮肥使用，而忽视磷钾肥和钙镁微肥等。对主要朝天椒病虫害的发生规律认识不清，防治措施不配套，综合防治水平低。在朝天椒主产区，由于栽培面积不断扩大，轮作倒茬困难，导致朝天椒病虫害逐年加重，直接影响了朝天椒的产量和效益。同时人工成本逐年提高，朝天椒种植效益波动较大。

3）朝天椒加工产业链条不长，水平较低 目前，虽然朝天椒加工企业较多，但受技术和资金等因素的影响，大多从事朝天椒的初级产品加工，在朝天椒深加工方面几乎是空白。深加工滞后，既影响了朝天椒产业效益的提高，又阻碍了基地规模的进一步发展壮大。

4）加工企业数量多，规模小，经济实力弱 目前进行朝天椒加工的企业以小企业为主，企业小而多，牌子杂而乱，加工设施简陋，技术落后，加工工艺原始，加工能力不足。这种状况直接导致我国朝天椒加工企业标准化和品牌化水平低，难以形成具有较大影响力和较高知名度的加工产品品牌，缺乏市场竞争力。

5）市场开拓不足 市场体系建设跟不上产业快速发展的需要，目前我国已建成若干个年吞吐量3万吨的辣椒专业批发市场，但与每年近3 000万吨的干鲜辣椒产量相比，市场建设明显不足；市场覆盖面仍然较低，不少地方朝天椒交易不便的问题依然突出；市场信息网络建设滞后，管理较为粗放；市场服务系统不完善，服务功能不健全。朝天椒生产与市场之间缺乏有效衔接，导致产业发展中的效益年际间波动较大，影响了朝天椒产业的健康发展。

2. 朝天椒产业发展前景 朝天椒因适应性广、营养丰富、加工利用广泛而受到世界各地的高度重视，是一种具有良好发展前景的经济作物。由于朝天椒耐储运、用途广、适宜规模化生产等特点，朝天椒产业发展迅速，朝天椒产业的产品结构和产业格局也逐步发生着改变。朝天椒产业前景非常可观，对于适宜朝天椒大面积种植的地区，是一条增加经济收入的途径。随着加工企业的强力介入，产业链逐步拉长，朝天椒发展前景看好，潜力巨大。

但是，市场对朝天椒产业发展需求也在不断变化。根据近年来朝天椒产业发展情况，未来国内外朝天椒产业发展将呈现出以下几大趋势：

1）朝天椒育种会不断创新发展 朝天椒新品种杂交优势利用是推动朝天椒产业发展，提高产量、质量、效益及市场竞争力的重要措施，杂交一代具有明显的杂交优势，优良杂交组合可以比对照常规品种增产30%～40%，并且具有高产、抗病、优质等特点。从国内外不同的生产和消费市场需求出发，创新育种目标，加快培育高产、抗病性强、抗逆性强、满足不同生态条件和不同熟期要求、不同用途的优质专用型品种，以满足市场的多样化需要，特别是适应辣椒加工业发展的需要，注重培育加工专用型朝天椒新品种。

另外，随着我国朝天椒基地规模化、专业化发展，以及人工成本的大幅上涨，对适宜机械化采收的品种需求越来越迫切。选育适宜机械化采收的专用品种必将是我国朝天椒重要的育种方向。

我国地方辣椒品种资源丰富，应加强地方特色优良辣椒品种的提纯改良。对特色优良朝天椒品种提纯复壮，既有利于保护和改良地方特色朝天椒品种，又有利于推动我国特色辣椒加工业发展。我国朝天椒种业发展将朝着种子生产专业化、质量标准化、供应商品化等方向发展，种子育、繁、推、销一体化经营将迈上一个新台阶，以适应朝天椒产业不断发展壮大的需要。

2) 朝天椒生产基地建设和产品质量安全将进一步加强　随着科学技术的发展和朝天椒生产水平的不断提高，我国朝天椒产业将呈现出区域化、规模化生产、社会化流通的发展格局。第一，根据各地资源气候生态环境和市场等条件，搞好朝天椒产业区域布局，努力建设好朝天椒产业带或生产基地，生产有特色、高质量、高效益的优势朝天椒产品，进而形成品牌优势。第二，在朝天椒产区，"企业＋基地＋合作社＋农户"等产业化经营模式将逐步完善，企业与农民之间的产销利益关系和联结机制将更加密切，农村辣椒专业合作经济组织和中介协会将进一步发展，朝天椒生产的组织化程度将进一步提高。第三，在朝天椒区域化布局和规模化生产的推动下，针对朝天椒产业发展的一系列质量安全标准和规范化栽培措施，如无公害朝天椒生产标准化体系和质量安全检测体系等将逐步建立起来，生产基地标准化建设水平和产品质量安全水平将进一步提高。

3) 深加工将成为我国朝天椒产业发展新的经济增长点　随着对辣椒功能的不断拓展和开发，我国辣椒加工业在继续保持加工制品领先地位的同时，各朝天椒主产区将立足资源优势，加大对朝天椒深加工产品，如辣椒红色素、辣椒碱和胡萝卜素等的开发利用力度，以满足国内市场对朝天椒深加工产品日益增长的需求，同时提高我国深加工产品在国际市场上的份额，并成为促进我国朝天椒产业发展新的经济增长点。

4）朝天椒产业的商业化运作将进一步加强　目前我国朝天椒产业的种植方式仍以农户生产为主，由于产、销脱节，农户对朝天椒市场把握不准，往往导致朝天椒生产的盲目种植，从而引起朝天椒的市场价格大起大落，给农户带来损失，严重影响农户种植朝天椒的积极性。因此，围绕朝天椒市场开拓信息化建设，借助现代信息技术手段，朝天椒产业的商业化运作将受到各朝天椒产区的高度重视。从朝天椒种植面积的确定、种植过程到收获后的朝天椒的加工，都将逐步融入商业化运作的轨道，从而搭建"企业＋基地＋农户"的农业产业链，实现朝天椒产、销对接，有效解决朝天椒生产中常出现的区域过剩、时段过剩的问题，确保广大农民的利益，调动朝天椒种植户的生产积极性。

（五）我国朝天椒产业发展的建议

1. 培育优良品种　推动朝天椒"育繁推"一体化发展，科研、企业、新型农业经营主体紧密对接，加快高产、优质、抗病虫、抗涝以及适宜机械化采收品种选育，加速新品种示范推广应用，加大杂交种推广力度，减少常规种种植面积，提高干制辣椒产量和质量。发挥企业在商业化育种中的主导作用，联合大专院校、科研院所，组建跨单位的育种研究团队对朝天椒育种中存在的问题联合攻关，构建辣椒高效育种技术体系，针对不同深加工产品需求，培育、推广专用辣椒品种。

2. 稳定种植面积　稳定种植面积，防止种植规模减小趋势的发生。一是通过调整种植结构，扩大错季生产的种植面积，增加优质干椒生产；二是有效延长辣椒果实的采摘时间、提高单产；三是探索朝天椒储藏保鲜新方法，以延长鲜椒供应时间，促进产业效益的提升。

3. 推广适用技术　按照生产标准化要求，大力推广集约化育苗技术、测土配方施肥、水肥一体化、机械轻简化管理等技术的示范应用，节本增效。发展多样性栽培，缓解干制辣椒老基地的连作障碍，提升单位面积效益。加强对农业科技人员和种植户的技术培训，提高辣椒的科学种植水平；加强新型农机具研发，应用轻简化种植技术，降低土壤整理、田间管理劳动力投入，进一步提高朝天椒生产过程中机械化的占有率和使用效率。

4. 建好特色基地，提高产业组织化程度　我国朝天椒品种具有很强的区域性和独立性，因此应注重结合气候优势、区位特点、技术基础，针对不同的生态区域和加工消费需求建设不同类型的生产基地，形成区域特色的生产基地，满足原料生产需求；加工企业与基地紧密结合，根据加工产品对原料需求，建设自己的原料基地，形成规模化种植和"公司＋基地＋农户"的产业化格局，实现区域化、规模化发展。同时，应积极扶持一批具有带动性质的龙头企业，实行龙头带动发展战略，通过龙头企业的凝聚，提高产业的组织化程度。

5. 拉长产业链条，加强深加工技术的研发和普及 建立完善朝天椒加工制品和朝天椒深加工产品等产品的质量标准体系，与国际标准接轨，提高产品竞争力和影响力，抢占国内外中高端市场。积极培育龙头企业和产业联合体，实施激励机制，集聚各类资源要素，强化工作措施，构建政府推动、龙头带动、创新驱动相结合的联动机制，合力推动朝天椒行业向高端、绿色、智能融合转型升级。

二、优质朝天椒的土地选择与肥料使用标准

（一）土地选择

朝天椒比较耐瘠薄，对地质要求不严格，适应性广，沙土、黏土、壤土地均可种植，但盐碱地上生长不良。朝天椒栽培土壤适宜的 pH 6.5 ~ 8，比较适合在中性与偏酸性的黏壤性土和壤土中生长，特别喜欢黄黏土地。朝天椒喜温好光，喜湿怕水，不要栽植在低洼容易积水的地块，应选择地势高燥、排灌条件较好、疏松透气的地块。朝天椒喜生茬地，忌重茬，重茬病害严重，尽量选择在上茬 3 年内未种植过茄子、番茄、马铃薯等茄果类蔬菜的壤土地种植。若土地调整不开，必须连作时，要注意合理施肥和病虫害防治工作。

（二）肥料使用标准

1. 施肥标准　朝天椒是一种喜肥但不喜大肥的蔬菜，具有喜硫忌氯的特点，要实现优质高产必须保证充足的肥料供应，需要选择纯硫基全价营养的复合肥料作为朝天椒的基肥。基肥施用按照"有机肥和无机肥相结合，以多元复合肥为主，单元素肥料为辅，氮、磷、钾、微肥相补充"的施肥原则，进行优化配方施肥，允许使用化肥，但化肥必须与有机肥配合施用，无机氮施用量不宜超过有机氮用量。

1）有机肥用量标准　每亩朝天椒可施入充分腐熟好的农家肥 3 000 ~ 5 000 千克，如猪粪、羊粪、牛粪等，由于鸡粪中可能会含有抗生素、重金属盐分等残留，因此建议谨慎施用鸡粪。肥力较好的上等地，亩施充分腐熟的优质农家肥 3 000 千

克；中等肥力的土地亩施充分腐熟的优质农家肥4 000千克；肥力较差的瘠薄土地亩施充分腐熟的优质农家肥5 000千克。

2）化学肥料用量标准　在施足有机肥的基础上，合理掌控氮、磷、钾三要素肥料施用的比例是朝天椒施肥的关键。朝天椒正常生长需要较多的是矿质元素氮，如果氮肥不足，则叶片变小，叶色变浅，叶黄化枯焦，植株早衰，产量降低；适量的氮肥可以促进植株健壮生长，枝叶繁茂，产量提高；氮肥过多，不仅会使植株生长过旺，茎叶徒长、坐果率低，生育期延后，易感多种病害，还会影响辣椒素的含量和干椒质量，降低朝天椒的品质，尤其设施内栽培还要预防氨气中毒引起落叶。磷是核蛋白的重要组成部分，促进碳水化合物的运转，有利于幼苗根系的发育，并提高抗寒、抗旱能力。缺磷时，根系发育不良，茎叶暗绿或者紫红色，严重影响花芽分化，推迟开花期，容易落花落果，种子也不饱满。钾是植物体内多种酶的活化剂，能增进输导组织的机能，提高吸收水分、肥料的能力，促进植株健壮生长。钾对果实的膨大有重要的促进作用。缺钾时，根系变细，叶缘干枯，植株衰弱，抗病力差，容易落花落果。铁、铜、钼、硼、锌等微量元素对朝天椒的生长发育也有重要作用。

目前朝天椒的需肥尚没有文献记载，一般参照辣椒需肥特点。根据中国农业科学院测定，辣椒的需肥特点是氮∶磷∶钾=1∶0.29∶1.59，也有学者提出每生产1 000千克鲜椒，需吸收氮5.8千克、五氧化二磷1.1千克、氧化钾7.4千克、钙2.5千克、镁0.9千克，其比例为5.2∶1∶6.7∶2.3∶0.8（丁锐锋，2009）。因此，肥力较好的上等地，除了在施足有机肥的基础上，朝天椒栽培基肥每亩还需要撒施三元复合肥（N-P-K=15-15-15）50千克或尿素6千克＋磷酸二铵30千克＋硫酸钾25千克，有条件的也可撒施含硫酸钾的朝天椒专用肥（N-P-K=18-12-15）50千克，除此之外，还要撒施过磷酸钙40千克，锌肥、硼肥各0.5千克。中等肥力和薄地可在上述施肥基础上适当增加10%～30%的施肥量。在选择复合肥的种类时，要记住等养分等效果，在养分含量一样时，以价格较低的为宜，便于降低生产成本。如果选择控释型或缓释型复合肥，效果会更好一些。对于一些栽培茬口调不开，必须连作的地块，建议除以上肥料之外，还要施用生物菌肥，从根本上改善土壤环境，可有效预防辣椒死棵现象，如定植后施活粒EM菌、酵素菌肥等，坚持使用效果更好。

3）测土配方施肥技术　测土配方施肥技术以土壤测试和肥料田间试验为基础，

根据作物需肥规律、土壤供肥性能和肥料效应，在合理施用有机肥料的基础上，提出氮、磷、钾及中、微量元素等肥料的施用数量、施肥时期和施用方法。测土配方施肥技术的核心是调节和解决作物需肥与土壤供肥之间的矛盾，同时有针对性地补充作物所需的营养元素，作物缺什么元素就补充什么元素，需要多少补多少，实现各种养分平衡供应，满足作物的需要；达到提高肥料利用率和减少用量，提高作物产量，改善农产品品质，节省劳力，节支增收的目的。

测土配方施肥一直是农村农业部积极推广的技术，实践证明测土配方施肥技术可以提高化肥利用率 5% ～ 10%，增产率一般为 10% ～ 15%，高的可达 20% 以上。因此，推广应用配方施肥技术是朝天椒生产中的一项重要技术措施，如商丘睢县中顺农业小辣椒基地对接中化集团河南分公司和中保绿农科技集团，针对当地土壤地块的肥力、酸碱性、微生物等情况进行分析，提出基肥亩施 40 千克有机无机复合肥，养分机质含量 ≥ 15%，纯硫酸钾（N+P$_2$O$_5$+K$_2$O）≥ 40% 和 120 千克生物有机肥（氮磷钾 ≥ 5%，有机质含量 ≥ 45%，菌含量 ≥ 1 亿个 / 克含抗重茬菌剂），其他地区可参照朝天椒配方施肥推荐表（表 2-1）做相应调整。

表2-1　朝天椒配方施肥推荐表

地力基础产量（千克/公顷）	土壤养分含量（毫克/千克）			建议施肥量（千克/公顷）				目标产量（千克/公顷）
	速效氮（N）	速效磷（P$_2$O$_5$）	速效钾（K$_2$O）	优质农家肥（立方米/公顷）	氮肥（N）	磷肥（P$_2$O$_5$）	钾肥（K$_2$O）	
1 500	<50	5 ～ 10	50 ～ 80	45	20 ～ 10	8 ～ 6	10 ～ 7	3 000
2 250	50 ～ 60	7 ～ 13	60 ～ 90	52.5	18 ～ 9	7 ～ 5	9 ～ 6	3 750
3 000	55 ～ 65	9 ～ 15	70 ～ 100	60	18 ～ 8	6 ～ 4	8 ～ 5	4 500
3 750	60 ～ 70	12 ～ 17	80 ～ 110	67.5	14 ～ 8	5 ～ 3	7 ～ 4	5 250
4 500	80	15 ～ 20	100 ～ 130	75	13 ～ 8	5 ～ 3	6 ～ 3	6 000

2. 无公害朝天椒化学肥料选择标准　化肥据其养分含量可分为氮素化肥、磷素化肥、钾素化肥、微量元素化肥及复合肥料等，但并非所有的化肥都可在朝天椒生产过程中施用，如氯化物的施用会导致茄科蔬菜产量降低，应限制其施用。无公害朝天椒生产可选择使用的化肥种类及基本使用方法详见表 2-2。

表2-2 无公害朝天椒生产可使用的化学肥料

肥料种类	肥料名称	养分含量（%）	科学施用方法
氮素化肥	尿素	N 46	多作基肥、追肥施用，不宜作种肥；施用时深施覆土；可作叶面喷肥，喷施浓度0.5%～1.5%，每亩使用量20千克左右
	硫酸铵	N 20～21	可作基肥、种肥、追肥使用，每亩追施20～40千克；施用时深耕覆土以防氨挥发；在酸性土壤上应与石灰和有机肥料配合施用，施用前后要相隔3～5天，不能与石灰混合或同时使用
	碳酸氢铵	N 17	可作基肥、追肥使用，不宜作种肥；易挥发，应深施，施用后及时覆土、浇水、通风；每亩施用量30千克左右
	硝酸铵	N 35	多作追肥施用，不宜作种肥，每亩使用量20千克左右；采收前一个月禁止施用，以防硝酸盐含量超标
磷素化肥	过磷酸钙	P$_2$O$_5$ 12～18	可作基肥、种肥、追肥使用，适用于中性或者碱性土壤；利用率较低，追肥时应施于根系附近；每亩施用量60～80千克
	重过磷酸钙	P$_2$O$_5$ 45	可作基肥、种肥、追肥使用，适用于中性或者碱性土壤；利用率较低，追肥时应施于根系附近；每亩施用量15～20千克
钾素化肥	硫酸钾	K$_2$O 48～52	多作基肥、追肥施用，施用时深施覆土，每亩施用量20～30千克
复合肥	磷酸二铵	N 18 P$_2$O$_5$ 45	多作基肥、追肥施用，早施，每亩施用量20～30千克
	磷酸二氢钾	P$_2$O$_5$ 23 K$_2$O 29	多用于根外追肥和叶面喷施，喷施浓度0.3%；也可用于浸种，浓度0.2%
	氮磷钾三元肥	N 15 P$_2$O$_5$ 15 K$_2$O 15	多用作基肥，每亩施用量50千克左右
微量元素	硫酸锌	Zn 23	多用于叶面喷施，每亩施用量1～2千克，叶面喷施浓度0.2%～0.3%
	硼砂	B 11.6	多用于叶面喷施，每亩施用量0.5千克，叶面喷施浓度0.2%～0.3%
	钼酸铵	Mo 49	多用于叶面喷施，每亩施用量0.2千克，叶面喷施浓度0.2%～0.3%
	硫酸镁	Mg 16	可作基肥，每亩施用量4～6千克；也可用于叶面喷施，喷施浓度0.5%～1.5%，多用于朝天椒生长中后期

备注：参考《NY/T 496—2010，肥料合理使用准则》。

三、设施选择与设备配套

（一）设施选择

朝天椒适应性强，日光温室、塑料大棚、小拱棚均可种植，春茬、夏茬、间作套种等多种模式均可以采用，即便是与幼龄果树及桐树也可以间作，易种好管，尤其在春季日光温室、塑料大棚与西瓜间作套种，可获得更好的经济效益。但是由于朝天椒专用型、高附加值品种没有出现，因此日光温室和塑料大棚等设施种植朝天椒较少，主要用于朝天椒的育苗。

1. 设施选择

1）日光温室　日光温室是我国自主研发的一种设施类型，能量来自太阳辐射，夜间靠白天室内蓄积的太阳辐射热量来维持室内的温度，在我国北方大部分地区一般不需要额外辅助加温即可实现喜温果菜安全越冬生产，具有较高的经济和社会效益，近年来得到了广泛的应用。日光温室是由保温蓄热的后墙、顶部北侧的保温后屋面、南向采光屋面、昼开夜盖的保温被构成。它的原理就是白天打开保温被，让太阳辐射尽可能多地透进温室内，使室内气温迅速上升并将热量蓄积在后墙和地面的土壤中；傍晚的时候，室外气温下降，关闭日光温室，减少室内热量的散失，并且靠墙体和地面土壤缓慢释放的热量，来维持室内温度在一个较高的水平。一般情况下，日光温室能够维持室内外 20 ~ 30℃ 的温差，所以能够保障在不额外加温的情况下，实现果菜的正常生产。

（1）日光温室分类　日光温室的种类一般按照受力骨架的类型和墙体材料的类型进行区分：①从受力骨架类型上。可以分成竹木结构的日光温室，就是用竹竿作为温室前屋面骨架；钢结构的日光温室，就是用钢筋、钢管焊接成桁架结构或者用几字钢等薄壁型钢冷弯成型作为温室前屋面骨架；钢木混合结构的日光温室，就是用钢结构和竹木结构混合使用作为温室前屋面骨架。②从墙体材料上。可以分为土墙结构的日光温室，采用挖掘机或干打垒的方式，用土砌筑日光温室的后墙；砖墙加外保温结构的日光温室，采用复合砌筑的方式，砌筑砖墙外贴保温板的形式作为温室后墙；采用发泡混凝土、聚苯乙烯砖等新型保温材料砌筑的日光温室。

（2）影响日光温室性能的参数　日光温室的性能主要由日光温室的跨度、高度、前后屋面角度、墙体的厚度、后屋面的水平投影长度等 5 类参数决定。

☞ 跨度　指日光温室南侧底脚至北墙之间的宽度。目前我国北方地区，特别是北纬 40° 以北的寒冷地区，日光温室的跨度在 8 ~ 10 米，可以保证作物有较为充裕的生长空间和较为便利的作业条件；而在北纬 40° 以南的冬季气温较高的地区，为了增加温室的有效种植面积，可以将温室的跨度适当增加到 10 ~ 12 米。

☞ 前后屋面角度　前屋面角是指从日光温室南侧底脚至屋脊最高点的连线与地平面的夹角；一般在北纬 40° 以南地区前屋面角度取 26° ~ 29°，北纬 40° 地区取 30°，北纬 40° 以北地区取 31° ~ 33°。后屋面角指的是温室后屋面与水平面的夹角，后屋面角一般取 40° ~ 45°。

☞ 高度　指日光温室屋脊至地面的距离；以 8 米跨度的温室为例，在北纬 40° 以南地区，日光温室高度取 3.5 ~ 4 米，北纬 40° 地区取 4 米，北纬 40° 以北地区取 4.1 ~ 4.5 米。

☞ 墙体厚度　墙体的厚度和冬季室外温度有关，室外温度越低，相应的墙体厚度就越大。目前通常采用 37（37 厘米）砖墙或 50（50 厘米）砖墙外贴 10 厘米厚、密度为 20 千克 / 米 ^{3} 的聚苯板的做法，这种墙体的优势是寿命长、性能好，缺点是砌筑费用高；有些地区的种植者，选用 2 ~ 3 米土墙作为日光温室的墙体，其优点是造价低，缺点是在降水量比较大的、土质黏结力不好的地区，容易坍塌，危险性大，造成一定的经济损失。

☞ 后屋面水平投影长度　主要是反映后屋面的长短，在寒冷区域，后屋面水平投影长度一般取温室跨度的 20%；在气温较高的地区后屋面水平投影就适当短一些，控制在 1 米左右，有时甚至可以取消后屋面。

2）塑料大棚　塑料大棚俗称冷棚，利用竹木、钢材等材料做骨架支撑起来，并覆盖塑料薄膜，搭成拱形棚，没有墙体，是一种简易实用的保护地栽培设施，能够提早或延迟栽培蔬菜供应，提高单位面积产量，有利于防御自然灾害，特别是北方地区能在早春和晚秋淡季供应新鲜蔬菜。塑料大棚由于结构简单、建造容易、使用方便、投资较少，经济效益好等特点而被世界各国普遍采用。

塑料大棚结构一般有竹木结构、钢筋结构、钢竹混合结构及装配式钢管结构等几种，分为拱圆型、屋脊型、单栋型和连栋型等多种类型，建造时要选择避风向阳、土质肥沃、排灌方便、交通便利的地块，大棚南北向延长受光均匀。在建设大面积大棚群时，南北间距4～6米，东西间距2～2.5米，以便于运输及通风换气，避免遮阴。一般跨度8～12米，长度40～60米，长/宽≥5比较好。大棚的中柱高2.0～2.4米，越高承受风的荷载越大；但过低时，棚面弧度小，易受风害和积存雨雪，有压塌棚架的危险。要根据当地条件和各类大棚的性能选择适宜的棚型，建筑材料力求就地取材，坚固耐用。在大棚区的西北侧设立防风障，以削减风力。下面介绍一下常见的三种结构塑料大棚：

（1）竹木结构塑料大棚　这种大棚的建筑材料来源方便，成本低廉，支柱少，结构稳定，棚内作业便利。大棚主要包括立柱（水泥柱或木杆）、拉梁（拉杆或马杠）、吊柱（小支柱）、拱杆（骨架）、塑料薄膜和压膜线等部分。每个拱杆由4根立柱支撑，呈对称排列，立柱用水泥柱或木杆，每3米一根。拱棚最大高度2.4米，中柱高2米，距中线1.5米与地面垂直埋设，下垫基石。边柱高1.3米，按内角70°埋在棚边做拱杆接地段，埋入地下40厘米，中柱上设纵向钢丝绳拉梁连接成一个整体，拉梁上串20厘米吊柱支撑拱杆。用直径3～6厘米的竹竿或木杆做拱杆，并固定在各排立柱与吊柱上，间距1米。拱杆上覆盖塑料薄膜，薄膜上用8号铁线固定在地锚上压紧。大棚两端设木结构的门。

（2）钢筋结构塑料大棚　这种大棚跨度8～10米，脊高2.5～3米，钢筋拱形骨架屋面由对称结构改成不对称结构，南侧拱形骨架屋面占2/3，北侧拱形骨架屋面占1/3，作业道改在大棚的北侧，宽0.6米，为方便作业把北侧拱形骨架按内角80°从地面始抬高1.7米，南侧拱形骨架前底角57°。覆膜后在大棚的北侧覆盖10～15厘米厚玉米秸秆或草帘防寒保温，在棚内的东南西三面张挂1.5米高的二层幕，棚膜与二层幕间距离10厘米左右。

（3）新型钢筋结构塑料大棚　这种大棚南北向延长，棚内无立柱，跨度8～10米，中高2.5～3米。骨架用钢管及钢筋焊接而成，宽20～25厘米。骨架的上弦用16毫米的钢筋或25毫米的钢管，下弦用10毫米的钢筋，斜拉用6毫米的钢筋，骨架间距1米。下弦处用5道12毫米的钢筋做纵向拉梁，拉梁上用14毫米的钢筋焊接两个斜向小支柱，支撑在骨架上，以防骨架扭曲。这种大棚也可用镀锌薄壁钢管组装大棚，由骨架、拉梁、卡膜槽、卡膜弹簧、棚头、门、通风装置等通过卡具组装而成。骨架是由两根直径25 ～ 32毫米拱形钢管在顶部用套管对接而成，纵向用6条拉梁连接，大棚两侧设手动卷膜通风装置。骨架上覆盖塑料薄膜，外加压膜线。该棚的优点是结构合理，坚固耐用，抗风雪压力强，搬迁组装方便，便于管理；缺点是造价较高。

3）小拱棚　小拱棚主要由支撑材料及上面覆盖的塑料薄膜所构成，能改善小拱棚内的小气候，在外界条件不利于蔬菜生长的时候，可在小拱棚内进行春季提前和秋季延迟蔬菜栽培。小拱棚的高度一般在1.5米以下，宽1 ～ 3米，长度一般在10米以上。小拱棚建造容易，成本较低，加盖草苫后，增温的效果并不比大型的温室大棚差，只不过空间小，常用于园艺作物的育苗、提早定植或矮小植株的作物栽培。小拱棚的结构简单，取材方便，容易建造，造价较低，在生产中应用的形式多种多样，可因地制宜，灵活设计，并可以与大型的温室大棚、连栋温室等大型设施结合使用。小拱棚按照形状可分为以下几种类型：

（1）拱圆形小拱棚　拱圆形小拱棚是生产上应用最多的类型，也叫小温棚，主要使用毛竹片、竹竿、荆条、直径为6 ～ 8毫米的钢筋或薄壁钢管等材料，弯成宽1 ～ 3米、高1米左右的弓形骨架，各骨架之间用竹竿、铁丝将每个拱架连在一起：有的将拱架两端较深地插入土中，如果拱架很牢固，也可以不用把拱架连起来。在拱架上面扣上塑料棚膜，四周拉紧后将边缘用土埋好，棚膜上面再用压杆或压线将其固定，在小拱棚较矮、防风又好的情况下，也可以不用压杆或压线。

（2）半拱形小拱棚　北面有高度约为1米的土墙，南面为半拱圆形的棚面。这种小拱棚一般为无柱棚，跨度大时，中间可设12排立柱，以支撑由于雨、雪及防寒保温覆盖物等所构成的负荷。也有的用钢筋、钢管做成一侧立、一侧半拱圆形的。这种小拱棚应为东西走向，有利于采光。由于这种小拱棚一侧直立，使棚内的空间较大，因此利于秧苗的生长。

（3）双斜面拱棚　棚面呈屋脊形或三角形。棚架方向东西、南北延长均可，但南北方向的棚内光照均匀。这种棚适用于风少、多雨的南方，可以平地覆盖，也可做成畦框后再覆盖，形式多样。这类棚在脊的下方一般设有立柱，以支撑负荷。这种小温棚做成畦框后再覆盖或与半地下式的冷床相结合使用较好，否则在露地直接覆盖，两侧的空间过小，不利于栽植秧苗，有效作用的面积较小。

2. 棚膜的选择　目前最常用的棚膜按树脂原料可分为 PVC（聚氯乙烯）薄膜、PE（聚乙烯）薄膜和 EVA（乙烯—醋酸乙烯）薄膜三种。这三种棚膜的性能不同：PVC 棚膜保温效果最好，易粘补，但易污染，透光率下降快；PE 棚膜透光性好，尘污易清洗，但保温性能较差；EVA 棚膜保温性和透光率介于 PE 和 PVC 棚膜之间。在实际生产中，为增加棚膜的无滴性，常在树脂原料中添加防雾剂，PVC 膜和 EVA 膜与防雾剂的相容性优于 PE 棚膜，因而无滴持续时间较长。据调查，目前我国生产的 PE 多功能膜的无滴持续时间一般为 2～4 个月，PVC 和 EVA 棚膜可达 4～6 个月。当前，PE 棚膜应用最广，数量最大，其次是 PVC 棚膜，EVA 棚膜也开始试用。

生产中按薄膜的性能、特点，棚膜又分为普通膜、长寿棚膜、无滴棚膜、长寿无滴棚膜、漫反射棚膜和复合多功能棚膜等。其中普通棚膜应用最早，分布最广，用量最大；其次是长寿膜和无滴棚膜。目前我国生产的棚膜主要有以下几种：

1）PE 普通棚膜　这种棚膜透光性好，无增塑剂污染，尘埃附着轻，透光率下降缓慢，耐低温（脆化温度为 -70℃）；密度轻（0.92），相当于 PVC 棚膜的 76%，同等重量的 PE 膜覆盖面积比 PVC 膜增加 24%；红外线透过率高达 87%～90%，夜间保温性能好，且价格低。其缺点是透湿性差，雾滴重；不耐高温日晒，弹性差，老化快，连续使用时间通常为 4～6 个月。塑料大棚上使用基本上每年都需要更新，覆盖塑料大棚越夏有困难。PE 普通棚膜厚度为 0.06～0.12 毫米，幅宽有 1 米、2 米、3 米、3.5 米、4 米、5 米等规格。

2）PE 长寿（防老化）棚膜　在 PE 膜生产原料中，按比例添加紫外线吸收剂、抗氧化剂等，以克服 PE 普通棚膜不耐高温日晒、易老化的缺点。其他性能特点与 PE 普通棚膜相似。PE 长寿棚膜是我国北方高寒地区大棚越冬覆盖较理想的棚膜，使用时应注意减少膜面积尘，以保持较好的透光性。PE 长寿棚膜厚度一般为 0.12 毫米，宽度规格有 1 米、2 米、3 米、3.5 米等，可连续使用 18～24 个月。

3）PE 复合多功能膜　在 PE 普通棚膜中加入多种特异功能的助剂，使棚膜具有多种功能，如北京塑料研究所生产的多功能膜，集长寿、全光、防病、耐寒、保温为一体，在生产中使用反映效果良好。在同样条件下，其夜间保温性比 PE 普通棚膜提高 1～2℃，每亩大棚使用量比普通棚膜减少 30%～50%。复合多功能膜中如果再添加无滴功能，效果将更为全面突出。PE 复合多功能膜厚 0.06～0.08 毫米，幅宽有 1 米、1.5 米、4 米、8 米等规格，有效使用寿命为 12～18 个月。

4）PVC 普通棚膜　透光性能好，但易粘吸尘埃，且不容易清洗，污染后透光性严重下降。红外线透过率比 PE 膜低（约低 10%），耐高温日晒，弹性好，但延伸率低。透湿性较强，雾滴较轻；比重大，同等重量的覆盖面积比 PE 膜小 20% ~ 25%。PVC 膜适于作夜间保温性要求高的地区和不耐湿作物设施栽培的覆盖物。PVC 普通棚膜厚度为 0.08 ~ 0.12 毫米，幅宽有 1 米、2 米、3 米等规格，有效使用期为 4 ~ 6 个月。

5）PVC 双防膜（无滴膜）　PVC 普通棚膜原料配方中按一定配比添加增塑剂、耐候剂和防雾剂，使棚膜的表面张力与水相同或相近，薄膜下面的凝聚水珠在膜面可形成一薄层水膜，沿膜面流入棚室底部土壤，不至于聚集成露滴久留或滴落。由于无滴膜的使用，可降低棚室内的空气相对湿度；露珠经常下落的减少可减轻某些病虫害的发生。更值得说明的是，由于薄膜内表面没有密集的雾滴和水珠，避免了露珠对阳光的反射和吸收，增强了棚室光照，透光率比普通膜高 30% 左右。晴天升温快，每天低温、高温、弱光的时间大为减少，对设施中作物的生长发育极为有利。但透光率衰减速度快，经高强光季节后，透光率一般会下降至 50% 以下，甚至只有 30% 左右；旧膜耐热性差，易松弛，不易压紧。同时，PVC 无滴膜与其他棚膜相比，密度大，价格高。PVC 双防膜厚度为 0.12 毫米，幅宽有 1 米、2 米、3 米等规格，有效使用期 8 ~ 10 个月。

6）EVA 多功能复合膜　这是针对 PE 多功能膜雾度大、流滴性差、流滴持效时间短等问题研制开发的高透明、高效能薄膜。其核心是用含醋酸乙烯的共聚树脂，代替部分高压聚乙烯，用有机保温剂代替无机保温剂，从而使中间层和内层的树脂具有一定的极性分子，成为防雾滴剂的良好载体，流滴性能大大改善，雾度小，透明度高，在棚室上应用效果最好。EVA 多功能复合膜厚度为 0.08 ~ 0.1 毫米，幅宽有 2 米、4 米、8 米、10 米等规格。

另外，PO 膜也是近几年发展起来的一种新型薄膜，该类薄膜是采用聚烯烃生产而成的高档功能性聚烯烃农膜，其透光性、持续消雾、流滴性、保温性等，在棚膜当中处于领先地位，性价比较高，是最具推广前景的一类薄膜，同时由于当前国内很多品牌的 PO 膜生产技术原因影响，很多公司生产的 PO 膜会出现质量不稳定的状况，菜农在选购时还需认准知名品牌。

（二）配套设施

1. 大棚卷膜器　大棚卷膜器（图3-1）是棚室种植中不可或缺的配套设施，它可以分为手动和电动两种。手动大棚卷膜器是通过手柄转动带动卷膜轴转动，从而将大棚塑料膜被卷膜轴一层一层卷起。电动大棚卷膜器主要是通过电机启动带动卷膜轴转动，将膜被卷起实现通风窗的启闭。大棚卷膜器的使用，可有效地控制大棚内的温度和湿度，给蔬菜营造一个良好的生长环境，使蔬菜长势良好，大大提高大棚种植的经济效益。大棚卷膜

图3-1　大棚卷膜器

器具有操作简便、减少用工的优势，因此在大棚蔬菜种植中得到广泛的应用。

2. 防虫网　防虫网覆盖栽培是一项能提高产量的实用环保型农业新技术。覆盖在棚室通风口，构建人工隔离屏障，将害虫拒之网外，切断害虫（成虫）繁殖途径，有效控制各类害虫，如菜青虫、菜螟、小菜蛾、蚜虫、跳甲、甜菜夜蛾、美洲斑潜蝇、斜纹夜蛾等的传播以及预防病毒病传播的危害，确保大幅度减少菜田化学农药的施用，使产出的蔬菜安全、优质、卫生，为发展生产无污染的绿色农产品提供了强有力的技术保证。

1）防虫网种类　防虫网是一种采用添加防老化、抗紫外线等化学助剂的聚乙烯为主要原料，经拉丝制造而成的网状织物。它与塑料布等覆盖物的不同之处在于网目之间允许空气通过，但能将昆虫阻隔于外界。防虫网的规格主要包括幅宽、丝径、颜色、网孔密度等内容。幅宽通常为1～1.8米，最大幅宽为3.6米；丝径范围是0.14～0.18毫米；颜色有白色、银灰色、黑色等，但以白色为多。如果为了加强遮光效果，可选用黑色或银灰色的防虫网避蚜虫效果更好。目前，生产上推荐适宜使用的目数是30～80目，随着近些年白粉虱、烟粉虱的暴发，生产上防虫多使用60目以上防虫网（图3-2）。

图 3-2　防虫网

　　2）防虫网的作用　大棚覆盖防虫网后，基本上可免除菜青虫、小菜蛾、甘蓝夜蛾、斜纹夜蛾、蚜虫等多种害虫的危害。据试验，防虫网对菜青虫、小菜蛾、美洲斑潜蝇防效为94%～97%，对蚜虫防效为90%。由于病毒病主要是由害虫特别是白粉虱传病，因此防虫网可大大减轻蔬菜病毒病的发生，防效为80%左右。除此之外，防虫网还具有调节气温、土温和湿度的作用。在炎热的7～8月，用30目白色防虫网覆盖温室大棚，早晨和傍晚的气温与露地持平，而晴天中午比露地低1℃左右；早春3～4月,防虫网覆盖棚内比露地气温高1～2℃,5厘米地温比露地高0.5～1℃,能有效地防止霜冻；此外防虫网可阻挡部分雨水落入棚内,降低田间湿度,减少发病,晴天能降低大棚内的水分蒸发量。防虫网还具有遮光效果。夏季光照强度大，强光会抑制蔬菜营养生长，而防虫网可起到一定的遮光作用。

　　3）防虫网选择　首先，根据所要预防的害虫合理选用防虫网。例如，秋季很多害虫开始向棚内转移，尤其是一些蛾类及蝶类害虫，由于这些害虫的体形较大，可以使用目数相对较少的防虫网，如40～60目的防虫网。但是对于棚外杂草较多，粉虱较多的，要根据粉虱的较小体形选择防虫网，如60～80目的。其次，根据不同需要选择不同颜色的防虫网。因为蓟马对蓝色有很强的趋性，使用蓝色防虫网容易将棚外的蓟马吸引到大棚周围，一旦防虫网覆盖不严就会使大量的蓟马进入棚中造成危害；而使用白色防虫网，大棚内就不会发生这种现象。如果与遮阳网配合使用时，以选择白色为宜。还有一种银灰色防虫网对蚜虫有较好的驱避作用，黑色防虫网遮阴效果显著，冬季、连阴天不宜使用。种植户可根据实际需要来选择。一般春秋季节和夏季相比，温度较低，光照较弱，宜选用白色防虫网；夏季为了兼顾遮阳、降温，宜选用黑色或银灰色防虫网；在蚜虫和病毒病发生严重的地区，为了驱避蚜虫、预防病毒病，宜选用银灰色防虫网。再次，选用防虫网时，还要注意检查防虫网是否完整。有些菜农反映不少刚买的防虫网存在破孔现象，因此提醒菜农在购买时应该将防虫网展开，检查防虫网是否存在破孔现象。

防虫网的主要作用是防虫，其效果与防虫网的目数有关，目数越多，防虫的效果越好，但目数过多会影响通风效果。防虫网的目数是关系到防虫性能的重要指标，栽培时应根据可防害虫的种类进行选取。使用防虫网一定要注意密封，否则难以起到防虫的效果。单独使用时，应选择咖啡色、银灰色，而与遮阳网配合使用时，选择银灰色、白色为好。

4）注意事项　一是全生长期覆盖，防虫网遮光较少，无须日盖夜揭或前盖后揭，应全程覆盖，不给害虫入侵的机会，才能收到满意的防虫效果。二是在前茬作物收获后，要及时将前茬残留物和杂草清出棚室集中烧毁，全棚室喷洒农药灭菌杀虫。三是在播种或定植前采用高温闷棚或喷施低毒农药杀灭土壤中的寄生虫蛹、幼虫。四是栽植时秧苗最好带药入棚，并挑选无病虫害的健壮植株。五是加强日常管理，进出温室大棚要将棚门关严，在进行农事操作前要对有关器物进行消毒，防止病毒传入，以确保防虫网的使用效果。六是要经常检查防虫网有无撕裂口，一旦发现应及时修补，确保温室大棚内无害虫侵入。

3. 大棚运输车　大棚运输车（图3-3）是在大棚中间的人行过道上的滑轮轨道上运行，通过推或拉达到运输重物的运输工具。轨道可设置单轨和双轨两种：单轨道用24号钢丝，双轨道用20号钢丝。轨道支撑杆由钢丝和窄钢板组成：钢丝型号为20号，窄钢板厚度为0.5厘

图3-3　大棚运输车

米，宽 3 ~ 4 厘米，长 40 厘米左右。

4. 粘虫板 粘虫板有黄色板和蓝色板两种，是利用同翅目的蚜虫、叶蝉等，双翅目的种蝇等，缨翅目的蓟马等多种害虫成虫对黄色或蓝色趋光性原理诱杀害虫的一种物理防控方法，具有经济安全、无毒高效等特点，对白粉虱、蚜虫、潜叶蝇、蓟马等农业生产中害虫防效特别显著。同时，使用粘虫板诱杀害虫，还能有效控制病毒病的发生。全年使用可明显减少用药次数，有效减少虫口密度，减少造成农药残留和害虫抗药性。为蔬菜无公害生产提供了有力的技术支撑，而且增收节支明显。

不管黄色板，还是蓝色板，诱捕时挂放的高度很重要。植物在幼苗时，挂放的高度应高于幼苗生长点 10 ~ 15 厘米。当朝天椒高度在 80 厘米到 1 米时，应将粘虫板挂在行间，高度与朝天椒同高。这样有利于靠近植物更有效地诱捕害虫。当板上粘虫面积占板表面积的 60% 以上时更换，板上胶不粘时要及时更换。

四、朝天椒品种介绍及育苗

（一）朝天椒品种的引进与选育

我国朝天椒种植主要分为三樱椒、子弹头、小米辣三个系列。三樱椒类型品种主要有日本三樱椒及利用其材料培育的品种，如豫选三樱椒、大角三樱椒、新一代三樱椒、天宇3号（从韩国引进）、天宇5号（从韩国引进）、绿宝天仙（从美国引进）、圣尼斯朝天椒（从美国引进）等。1975年我国天津市、河南省首次从日本引进枥木三樱椒，天津定名为"天鹰椒"，1987年通过天津市农作物品种审定委员会认定，河南定名为"日本三樱椒"。日本三樱椒也有农民称为望天椒、朝天红、冲天辣、小辣椒、三樱椒，外贸收购经营时又称河南小椒。在江苏省被称为山鹰椒，在广西多称为指天椒。目前，我国朝天椒已经有多年的栽培历史，生产上仍然主要是从日本三樱椒系列选育出的一些具有特色的地方品种，如河南柘城的子弹头，临颍的三樱椒6号、三樱椒8号、红太阳以及新一代等。20世纪末由韩国兴农种子公司育成的簇生朝天椒杂交种天宇3号在我国开始推广销售，该品种长势强健、抗性好、辣味浓，种植面积占我国簇生朝天椒栽培总面积的比例一直在2%左右。子弹头系列品种主要有高棵簇生子弹头、矮棵簇生子弹头。小米辣系列品种主要有海南林忠民菜种行有限公司育成的林忠民726、润冠58、润冠81，湖南湘研种业育成的永丰一号，珠海珠农种子有限公司育成的天香19等。

目前，在朝天椒品种利用研究上，日本、韩国处于领先地位，韩国在雄性不育三系和两用系研究与利用方面非常出色，育种水平世界第一，95%以上的品种是利用雄性不育系育成，其抗病性、耐热性及露地适应性较强，而且干椒的品质好、色泽好。我国自20世纪70年代开始辣椒杂种优势利用研究，育种技术逐步成熟，经过 40 多年的发展，在辣椒雄性不育系（CMS）利用以及性状遗传、杂交优势形成、亲本配合力提高等方面进行了大量研究，形成雄性不育系、恢复系、保持系的"三系"育种技术。

（二）品种的选择

1. 品种选择原则　优良的朝天椒品种应该具备以下优点：果皮肉厚、籽多；干制品种果内含水量少、干椒率高，适合加工；鲜食品种果内含水量相对要高；干制品种果色深红，鲜食品种颜色鲜红、辣椒素及营养成分含量高，品质优良；株型紧凑，结果多且部位集中，高产稳产；抗逆性强，适应性好；易栽培，易管理，易储运。

2. 优良品种介绍

1）豫樱 2 号　簇生朝天椒，河南省农业科学院园艺研究所选育，早熟，一般生育期 170 天左右；株高 68～75 厘米，叶片浓绿肥厚，分枝能力强，结椒能力较强；果实纵径 6.5 厘米左右，横径 1.3 厘米左右，辣味中，脱水快，易干制；中抗病毒病 CMV，中抗病毒病 TMV，中抗疫病，中抗炭疽病，耐热；干椒亩产 440 千克左右，鲜椒亩产 2 000 千克左右；适宜河北、河南、山东、湖南等地进行干椒春茬、麦茬、麦套和间作玉米栽培；鲜食、加工兼用。

2）锦霞小辣王　簇生朝天椒，河南豫艺种业有限公司选育，极早熟；株型紧凑，株高 80～85 厘米，开展度 55～60 厘米，长势中等，分枝能力强，整齐度好，成熟期较一致，每簇 6～9 个，果实纵径 6～7 厘米，横径 0.9～1.2 厘米，单果重 5 克左右，果色红亮，辣味浓，辣度 5 辣度单位；鲜椒亩产可达 2 000 千克，干椒亩产 300～400 千克；适于北方露地和保护地栽培；鲜椒、干椒两用，也可提取辣椒红色素、辣椒油。

3）锦霞红艳艳　簇生朝天椒，河南豫艺种业有限公司选育，早熟，植株长势中等偏上，株高 85～90 厘米，开展度 65～70 厘米，叶色深绿，果实簇生，青果深绿，红熟后深红油亮，椒形好，容易脱水干燥，椒味浓辣，辣椒红色素含量高，鲜椒和干椒都受市场欢迎；鲜果纵径 6～7 厘米，横径 1～1.2 厘米，单果重 5 克左右，果色红亮，辣味浓。鲜椒亩产可达 2 000 千克，干椒亩产可达 400 千克。播期较宽，春地膜和麦茬、瓜茬或大蒜茬种植均可，也适于大棚种植。鲜椒、干椒两用，可根据行情采收红鲜椒，可提取辣椒红色素、辣椒油。

4）天箭　簇生朝天椒，河南豫艺种业有限公司选育，中熟，植株长势中等，植株高70～80厘米，开展度60～70厘米，抗倒伏，坐果性能突出，椒形好，容易脱水干燥，鲜果纵径6～7厘米，横径1～1.2厘米，单果重5克左右，果色红亮，辣味浓，辣度5～6辣度单位。鲜椒亩产可达2 000千克，干椒亩产300～400千克。适宜春季地膜和麦茬、瓜茬种植。可鲜椒、干椒两用，可根据行情采收红鲜椒，也可在霜冻之前辣椒大量转红后一次性收获，适宜出口及深加工。

5）神英三号　簇生朝天椒，河南欧兰德种业有限公司选育，早熟，植株长势中等偏矮，坐果能力强，单株结果较多，产量高，椒条长，一致性好，在适宜气候和栽培条件下，鲜果纵径6.5～8.5厘米，横径1.5厘米左右。辣味浓，红果色泽鲜艳，椒形美观，商品性好。干椒亩产量400～500千克，适宜鲜椒上市的朝天椒种植区域春季种植，适宜生长温度为18～33℃。采摘鲜椒上市、制酱、烘干椒。

6）神英五号　簇生朝天椒，河南欧兰德种业有限公司选育，早中熟，生长势强，株高90～100厘米，株幅80厘米左右，鲜果纵径5～7厘米，横径0.9厘米左右，鲜椒色泽红亮，辣味浓。干椒亩产量400～500千克，适宜鲜椒或者烘干上市的朝天椒种植区域春季种植，适宜生长温度为18～33℃。适合分多次采收红椒作鲜椒或者烘干后上市。

7）神英六号　簇生朝天椒，河南欧兰德种业有限公司选育，早中熟，株型紧凑，直立性好，坐果能力强，单株结果较多，在适宜气候和栽培条件下，鲜果纵径6.5～8.5厘米，横径1.4厘米左右。辣味浓，红果色泽鲜艳，椒形美观，商品性好。干椒亩产量400～500千克，适宜鲜椒上市的朝天椒种植区域春季种植。适宜生长温度为18～33℃。适合采摘鲜椒上市、制酱、烘干椒。

8）鼎鼎红　簇生朝天椒，河南鼎优农业科技有限公司选育，早熟、棵矮、植株伞状、抗倒伏能力强，抗病。鲜果纵径6.0～8.0厘米，一般单簇结果12～15个，椒簇向上、簇大、结果能力强，果大、颜色深红、结籽量大。亩产干椒400千克以上，适宜河南及周边地区麦套或麦茬栽培。

9）群星5号　簇生朝天椒，河南鼎优农业科技有限公司选育，早熟，果实整齐，籽粒饱满，鲜椒硬度好；干椒质量好，果面光滑，辣味浓，生果多，主枝每簇结果15个左右；红椒颜色亮丽，成熟一致性好，果实脱水快，可自然晾干。亩产干椒400～500千克，适宜山东、河南、河北、安徽等喜食香辣味辣椒区域种植。

10）望天红三号　簇生朝天椒，河南红绿辣椒种业有限公司选育，中早熟，长势强。株高70～80厘米，株幅40～45厘米，始花节20～21节，每簇结果10～20个，鲜果纵径5～7厘米，横径1.0～1.2厘米，单果鲜重3克左右，味辣，果形美。果实自然脱水性中等，建议烘干。亩产干椒350～500千克，适宜河南及周边地区麦套或麦茬栽培。

11）高辣一号　簇生朝天椒，河南红绿辣椒种业有限公司选育，早熟。株高55～60厘米，株幅40～45厘米，始花节位14～15节，鲜果纵径7～11厘米，横径1～1.4厘米，单果鲜重4～4.5克。植株矮壮，抗倒伏，抗逆性强；簇生性强，易采摘，适宜一次性采收，亩产干椒350～400千克，适合山东、河南、河北辣味原料基地及嗜辣地区种植。

12）地中皇1号　簇生朝天椒，河南省粮源农业发展有限公司选育，极早熟，株高75厘米左右，株幅35厘米左右，每株12～14簇，单株结果220～270个；果纵径5～7厘米，籽粒多，皮厚，平均单果重3克，坐果集中，转色一致，成熟一致。亩产干椒500千克左右，适宜河南及周边地区麦套或麦茬栽培。鲜食、加工兼用。

13）安蔬早辣一号　簇生朝天椒，安阳市农业科学院选育，早熟，极辣，转色快且整齐，鲜果纵径5.5厘米，横径0.8～1.0厘米，果面光滑，干椒亮红，商品性好。亩产干椒300～350千克，适宜河南及周边地区麦套或麦茬栽培。

14）安蔬三樱10号　簇生朝天椒，安阳市农业科学院选育，中早熟。生长势强，分枝多，簇生性强，大果，抗病、丰产稳产，适合机械化采摘。亩产干椒400～450千克。适宜河南及周边地区麦套或麦茬栽培。

15）星火1号　簇生朝天椒，开封市蔬菜研究所选育，早熟，每簇8～10个果实，鲜果纵径7～8厘米，横径1厘米左右；椒形好，生长势强，长势旺盛，分枝性强，坐果能力好，丰产稳产，成熟一致，利于集中采收。亩产干椒500千克左右，适宜河南及周边地区麦套或麦茬栽培。适合干椒生产。

16）星火88　簇生朝天椒，开封市蔬菜研究所选育，早熟，每簇7～9个果实，鲜果纵径6～7厘米，横径1厘米左右，长势好，抗病性强，成熟一致。亩产干椒400千克左右，适宜河南及周边地区麦套或麦茬栽培。

17）红焰三号　簇生朝天椒，郑州郑研种苗科技有限公司、郑州市蔬菜研究所选育。早熟，株高 65 厘米左右，株幅 60 厘米左右，始花节位 11 ～ 12 节，果实纵径 7 厘米，横径 1.1 厘米，果肉厚 0.1 厘米左右，单株挂果 135 个左右。亩产干椒 400 ～ 500 千克，适宜河南及周边地区麦套或麦茬栽培。

18）红焰五号　簇生朝天椒，郑州郑研种苗科技有限公司、郑州市蔬菜研究所选育，中早熟，生长势中等，抗逆性较强，平均株高 70 ～ 90 厘米，平均株幅 65 厘米，始花节位 15 节，果实纵径 5.6 厘米，横径 0.9 厘米，果肉厚 0.18 厘米左右，果实干重 0.8 ～ 1.0 克。亩产干椒 400 ～ 500 千克，适宜河南及周边地区麦套或麦茬栽培。

19）艳红　单生朝天椒，泰国引进品种，中熟。抗热性极强，夏季栽培生长良好，连续坐果性极好，青椒深绿色，转红时鲜红发亮、果实硬实，种腔特别饱满，鲜果纵径 5 ～ 6 厘米，横径 0.6 ～ 0.8 厘米，单果重 3 ～ 4 克，单株可结果 200 个以上，亩产鲜椒 2 000 ～ 3 000 千克，适合我国早春、秋季露地及夏季反季节栽培。味道极辣并带有浓香味，适合鲜食和加工干制。

20）艳椒 425　单生朝天椒，重庆市农业科学院选育，中晚熟。生长势较强，株形较开展，侧枝抽生能力强。平均单株挂果 140.7 个，平均单果重 4.4 克。果实朝天、单生，小尖椒，青椒绿色，红椒大红色，鲜果纵径 8.9 厘米，横径 1.0 厘米，果肉厚 0.14 厘米。亩产可达 1 800 千克，适宜春地膜和麦茬、瓜茬或大蒜茬种植，也适于大棚种植。适宜干制、泡制加工。

（三）朝天椒育苗

1. 传统育苗

1）播期安排　适宜的播期是收获的前提保证。朝天椒大多采用小拱棚育苗，苗龄在 60 ～ 70 天。春茬朝天椒定植需在断霜以后，河南地区一般应在 4 月 20 号以后，因此，采用阳畦育苗应在 2 月中下旬播种，采用小拱棚育苗可于 3 月上旬播种。麦套或大蒜套种朝天椒 5 月上中旬定植，应于 3 月上中旬播种育苗。大蒜茬、油菜茬朝天椒 5 月中下旬定植，应在 3 月中下旬播种育苗。小麦茬朝天椒 6 月上旬收获后定植，应于 3 月下旬至 4 月上旬播种育苗。

2）播前准备（图 4-1）

（1）苗床准备　选择地势平坦、土壤肥厚、背风向阳、排灌方便、不积水、前茬作物不是茄科、不受禽畜危害、离农户较近、便于管理的地块当作苗床进行育苗。育苗苗床面积按 15 ~ 20 平方米 / 亩计算，苗床用种量 110 ~ 150 克 / 亩。

（2）苗床整理　每亩苗床施入充分腐熟的猪粪、牛粪、堆肥等有机肥 3 500 ~ 5 000 千克，三元复合肥（N-P-K 为 15-15-15）40 千克，50% 的多菌灵可湿性粉剂 5 ~ 6 千克，禁止用尿素和碳酸氢铵。结合施肥施入适量的 5% 辛硫磷颗粒剂防治地下害虫，然后深翻，细耙平整。播种后覆盖透明地膜，并在晚上覆盖草苫，以增加地温。

（3）种子消毒处理　有包衣的种子可以直接播种，没有包衣的种子要进行消毒处理。用 35% 的福尔马林 100 倍液浸种 25 分捞出后，将种子闷 2 小时，再用清水冲洗 1 ~ 2 次，无药味时再进行浸种催芽或晾干播种，可防治疮痂病、早疫病，对猝倒病、立枯病、炭疽病和灰霉病有防治效果。或者用 70% 的敌磺钠（敌克松）可溶粉剂拌种，用药量为种子重量的 0.3%，可防治立枯病、细菌性叶斑病。亦可用 50 ~ 55℃ 的热水烫种 15 分，水量为种子量的 5 倍，要不断搅拌，使种子受热均匀，待水温降至 30℃ 时即可捞出播种，可防治疮痂病和菌核病。

图 4-1　苗床准备与整理

3）播种　播种期要与移栽期相适应，保证在适宜的移栽期内有足够合格的椒苗移栽。播种前苗床先浇透水，底墒水层应高出畦面 10 厘米以上，待水完全下渗后，先撒一层过筛细土，以免泥浆影响种子翻身出土，然后均匀播撒种子。为了确保播种均匀，播种可分 2 次撒播。播种量依照种子发芽率而定，每亩用种 100 ～ 150 克。播后用过筛细土覆盖，覆土厚薄要均匀，以0.7 ～ 1 厘米为宜。然后覆盖地膜。在苗床上扣宽 1.5 米、高 1.2 米以上的小拱棚（图 4-2、图 4-3）。

图 4-2　朝天椒播种

图 4-3　朝天椒小拱棚育苗（传统育苗）

4）苗床管理

（1）温度管理　苗床温度管理是培育壮苗的关键措施。为了早出苗，出苗整齐，出苗前要保持较高温度。白天 35℃ 以下不放风，夜间小拱棚上覆盖草苫，温度保持在 15 ～ 18℃。注意观察幼芽出土情况，当 50% 幼芽出土时，及时揭去地膜。出苗后，白天温度保持在 20 ~ 25℃，晴天中午注意放风，注意变换风口位置，使苗床各个部位温度保持一致，夜温保持在 15℃左右。4 月下旬断霜后揭去棚膜。

（2）水肥管理　苗床不缺墒不浇水，必须浇水时，可用喷壶洒水，水量以刚刚润湿根部为宜。不可大水漫灌，洒水后注意放风，降低棚内湿度。定植前一般不再追肥。若苗床肥力不足，可叶面喷施 0.3% 尿素溶液和 0.3% 磷酸二氢钾溶液。

（3）间苗覆土　当秧苗长到 2 厘米高以上，在床土不缺墒的情况下，可在 10 时，叶片没有露水时，在畦面上覆盖 0.5 厘米厚的细干土。10 ~ 15 天，先浇 1 次小水，再覆 1 次 0.5 厘米厚的细干土，使苗床达到上干下湿的状态，不仅能防止秧苗徒长，还可有效预防猝倒病的发生。间苗一般分 2 次进行。第一次在子叶充分展开时把稠苗间稀，苗距为 1.0 ~ 1.5 厘米；第二次在 2 ~ 3 叶时，苗距为 3 ~ 4 厘米，结合间苗要拔出杂草，并注意间除病弱苗。

（4）炼苗蹲苗　椒苗移栽前 10 ~ 15 天要适当控水，加强通风，逐渐降低温度进行炼苗、蹲苗。秧苗长出 4 片真叶后逐渐放风炼苗，使苗床温度逐步降低到白天 15 ~ 20℃，夜间 5 ~ 10℃。炼苗时间不能过长，更不能控水过干，降温过低，以免幼苗僵化或受寒害。炼苗要逐渐加大放风量，直至掀开棚膜，拆除拱棚支架。到幼苗株高 20 厘米左右，苗龄 60 天左右，幼苗具有 10 ~ 14 片真叶时，4 月中旬即可移栽。蹲苗在起苗前开始，及时通风，保持适宜温度，防止徒长。在起苗移栽前一天先在苗床内浇透水，带土移栽，移栽后缓苗快，成活率高，能提前开花结果。

5）病虫害防治　坚持预防为主、综合防治的原则。

（1）苗期病害　朝天椒苗期主要病害有炭疽病、立枯病、黑斑病、枯萎病等，冻害和烧伤在苗期也经常发生。在高温高湿的情况下，易发生炭疽病和黑斑病；在天气寒冷、阴雨连绵、苗床湿度过大时易发生立枯病、枯萎病。因此，要加强管理，控制苗床温湿度，应注意保持经常性揭膜换气，保证通风透气良好。若已发病，可用 70% 噁霉灵可湿性粉剂 800 ~ 1 000 倍液，或 50% 多菌灵可湿性粉剂 500 ~ 800 倍液，或 75% 百菌清水粉散粒剂 600 ~ 800 倍液喷施 2 ~ 3 次。

（2）虫害　有蝼蛄、蚯蚓、地老虎等，用 90% 敌百虫原药 100 克加水适量化开，掺入 8 ~ 10 千克炒香的饼粉或玉米糁拌和均匀即成，于傍晚撒于苗床四周处。

6）其他　气温低于 10℃以下时，加强保温措施，如使用草帘等保温设施，防止冻害，晴天一定要注意揭膜和遮阴，如搭建遮阳棚等，防止产生烧伤；施肥时一定要保证肥料充分均匀，施肥浓度不能过高，防止被肥料烧伤。

2. 集约化育苗 集约化育苗是随着现代农业的快速发展，农业规模化经营、专业化生产而出现的一项成熟的农业先进技术。穴盘育苗是集约化育苗的重要形式，是采用草炭、蛭石等轻基质无土材料做育苗基质，机械化精量播种，1穴1粒，一次性成苗的现代化育苗技术（图4-4）。穴盘育苗具有以下优点：①穴盘育苗由填料、播种、催芽等过程中均可利用机械完成，操作简单、快捷，适于规模化生产。②种子分播均匀，成苗率高，降低了种子成本。③穴盘中每穴内种苗相对独立，既减少相互间病虫害的传播，又减少小苗间营养争夺，根系也能充分发育。④增加育苗密度，便于集约化管理，提高温室利用率，降低生产成本。⑤由于统一播种和管理，使小苗生长发育一致，提高种苗品质，有利于规模化生产。⑥种苗起苗移栽简捷、方便，不损伤根系，定植成活率高，缓苗期短。⑦穴盘苗便于存放，运输。

图4-4 朝天椒集约化育苗

1）育苗基质选择与处理 选用优质的草炭、珍珠岩和蛭石，按6∶3∶1的比例混合，每立方米基质再加入三元复合肥（N-P-K=15-15-15）1~2千克，同时每立方米基质加入50%多菌灵可湿性粉剂100克进行消毒。搅拌时加入适量水，基质含水量在50%~60%，以手握成团、落地即散为宜。将配好的基质用薄膜密封，48小时后即可使用。也可以购买工厂的成品基质。

2）育苗设施及穴盘的消毒 播种前2~3天，每亩育苗设施内用1千克的硫黄粉加适量锯末，分8~10个点，点燃闷棚24个小时进行消毒。选择72孔穴盘，旧的穴盘要用40%福尔马林100倍液浸泡15~20分，密闭7天后用清水冲洗干净。

3）种子消毒 参见本书第四部分朝天椒传统育苗技术种子消毒处理的有关内容。

4）播种 利用全自动播种生产线"拌料、装盘、压穴、播种、覆盖、喷水"均在播种流水线上自动完成。人工点播将堆闷好的湿润基质装满穴盘的每个孔穴，装盘时要注意，装到穴盘每穴中的基质要均匀、疏松，不能压实，也不能出现中空。用木板刮去多余基质使整个穴盘表面平整，刮平后各个格室应能清晰可见，穴盘错落摆放，避免压实。将装满基质的穴盘压穴，深度为1.0厘米左右，每穴播1粒种子（每盘可靠一侧安排10%孔穴播2粒种子，以备补苗），其上用蛭石覆盖，再次用木板刮平，喷淋水分至穴盘底部渗出水滴为宜。

5）催芽　将播种后的穴盘移至催芽室，可将穴盘错落放置，也可放置在标准催芽架上，控制温度为恒温28℃，空气相对湿度控制在95%左右。当有50%种子拱起基质时完成催芽，将穴盘移出催芽室，摆放到育苗床架上。也可将播种后的苗盘直接摆放到育苗床架上，盖上塑料薄膜、遮阳网，保温保湿遮光催芽。

6）苗期管理

（1）温度管理　出苗前，保持白天温度28～30℃，夜温15～18℃。苗出齐后，白天温度在22℃左右，夜间13℃左右。幼苗2～3片真叶时，白天温度在28℃左右，夜间17℃左右。4月下旬以后，外界白天气温稳定在25℃以上，夜间气温稳定在15℃以上时可昼夜通风。

（2）水肥管理　视天气状况，每天浇水1～2次。灌水时应注意将整个穴盘的基质均匀浇透。供水均匀是齐苗的关键，苗床边缘蒸发量大，应适当增加供水量。真叶露心时浇水配合水溶性复合肥（N-P-K=20-20-20），第一次浓度为0.05%左右，以后逐渐增加浓度至0.2%，每隔1次灌水施1次肥。

幼苗2叶1心时，将穴盘中的双苗剔除1株，补齐没有出齐的苗，保证每穴1株健壮苗。秧苗在移出育苗设施定植前7～10天必须炼苗。幼苗移出育苗温室前2～3天应施肥1次，并喷洒1次75%多菌灵可湿性粉剂600倍液。

（3）炼苗　早春育苗白天18～20℃，夜间15～10℃。夏秋育苗逐渐撤去遮阳网。炼苗阶段不需要浇肥，降低温度，增加通风。定植前一天上午浇1遍清水，下午喷1遍杀虫剂和杀菌剂。

7）病虫害防治

（1）生理性病害　在朝天椒育苗期间容易发生生理性病害，如沤根、烧苗、闪苗、徒长等，出苗后应根据天气变化及时加强防控措施。夏天育苗时，当苗床温度达40℃以上时，容易产生烧苗，此时应及时进行苗床遮阴，或通过风扇排风降温。冬季育苗要做好保温，可用双层塑料薄膜覆盖，夜间加盖草帘，条件许可时采用地热线、煤炉加热等方式提高温度。通风时要正确掌握通风量，准确选择通风口的方位，以防出现闪苗。苗床温度偏高、氮肥施用过量时，易形成徒长苗，此时应控制肥水，适时喷施 15% 多效唑可湿性粉剂 500 ～ 750 倍液培育壮苗。

（2）侵染性病害　在朝天椒育苗期间易发生的病害主要有猝倒病、立枯病、灰霉病等。猝倒病、立枯病的防治措施为：播种后，苗盘用 75% 百菌清可湿性粉剂 600 ～ 800 倍液喷施过的蛭石覆盖，发病初期用 70% 噁霉灵可湿性粉剂 800 ～ 1 000 倍液 +70% 代森锰锌可湿性粉剂 500 倍液，或 20% 甲基立枯磷乳油 1 200 倍液，或 58% 甲霜灵·锰锌可湿性粉剂 400 ～ 500 倍液，或 75% 百菌清可湿性粉剂 600 倍液喷雾防治，出苗后每周喷药 1 次，连续 2 ～ 3 次。灰霉病可采用 50% 腐霉利（速克灵）可湿性粉剂 1 500 倍液，或 400 克/升嘧霉胺悬浮剂 1 000 ～ 1 500 倍液喷雾防治，或使用 10% 腐霉利烟剂进行熏蒸（病害发病初期或发病后亩用量 4 ～ 6 片，傍晚点燃后密封棚室至少 4 小时，根据病害发生情况 7 ～ 10 天放烟 1 次）。

（3）虫害　在朝天椒育苗期间易发生的虫害主要有蚜虫、白粉虱等。防治措施为：首先在育苗设施的所有通风口及进出口设置 60 目防虫网，然后在设施内张挂黄色粘虫板，每 10 平方米悬挂 1 块，诱杀白粉虱、蚜虫等。虫害大量发生时，可用 10% 吡虫啉可湿性粉剂 1 000 倍液，或可用 22% 螺虫乙酯·噻虫啉悬浮剂 40 毫升/亩喷雾进行化学防治。

8）优质壮苗标准　幼苗茎秆粗壮，节间短，根系发达，白色须根多，出苗整齐，无病虫危害，株高 16 ～ 18 厘米，茎直径 4.0 ～ 4.5 毫米，叶片深绿肥厚，具有 6 ～ 10 片真叶并现小花蕾时，即为优质壮苗。

五、水肥一体化、机械化配套及应用技术

（一）水肥一体化配套及应用技术

水肥一体化是借助压力系统（或地形自然落差），将可溶性固体或液体肥料，按土壤养分含量和作物的需肥规律和特点，配对成的肥液与灌溉水一起，通过可控管道系统供水、供肥，使水肥相融后，通过管道和滴头形成滴灌，均匀、定时、定量浸润作物根系发育生长区域，使主要根系土壤始终保持疏松和适宜的含水量；同时根据不同的作物的需肥特点，土壤环境和养分含量状况以及作物不同生长期需水、需肥规律情况进行不同生育期的需求设计，把水分、养分定时定量，按比例直接提供给作物（图5-1）。

图 5-1　水肥一体化系统一部分

1. 技术优势

1）水肥均衡，节约土地　传统的浇水和追肥方式，作物"饿"几天再撑几天，不能均匀地"吃喝"。而采用科学的灌溉方式，可以根据作物需水、需肥规律随时供给，保证作物"吃得舒服，喝得痛快"。水肥一体化田内可免去畦埂和水渠占地，土地利用率可提高5%～15%。同时，可提高机收作业质量，减少收获损失。

2）省工省时　传统的沟灌、施肥费工费时，而使用滴灌，只需打开阀门，合上电闸，几乎不用工。

3）节水省肥，提高肥料利用率　传统的灌溉一般采取畦灌和漫灌，水常在输送途中或在非根系区内浪费。而水肥一体化技术使水肥相融合，通过可控管道滴状浸润作物根系，能减少土壤湿润深度和湿润面积，从而减少水分的下渗和蒸发，提高水分利用率，通常可节水30%～40%，灌水均匀度可提高至80%～90%。水肥一体化技术在测土配方施肥的基础上，根据作物不同生育时期的需肥规律，先将肥料溶解成浓度适宜的水溶液，采取定时、定量、定向的施肥方式，除了减少肥料挥发、流失及土壤对养分的固定外，实现了集中施肥和平衡施肥，在同等条件下，一般可节约肥料30%～50%。

4）减轻病害，提高农药利用率　大棚内作物很多病害是土传病害，随流水传播，如辣椒疫病、番茄枯萎病等，采用滴灌可以直接有效地控制土传病害的发生。滴灌能降低棚内的湿度，减轻病害的发生。采用水肥一体化技术在浇水施肥的同时将专用农药随水肥一起集中施到根部，能充分发挥药效，有效抑制作物病虫害的发生，并且每亩农药用量减少15%～30%。

5）控温调湿　冬季使用滴灌能控制浇水量，降低湿度，提高地温。传统沟灌会造成土壤板结、通透性差，作物根系处于缺氧状态，造成沤根现象，而使用滴灌则避免了因浇水过大而引起的作物沤根、黄叶等问题。

6）保护耕层，改善土壤微环境　传统灌溉采用的漫灌方式灌水量较大，使土壤受到较多的冲刷、压实和侵蚀，导致土壤板结，土壤结构受到一定的破坏。水肥一体化技术使水分微量灌溉，水分缓慢均匀地渗入土壤，对土壤结构起到保护作用，使土壤容重降低，孔隙度增加，增强土壤微生物的活性，减少养分淋失，从而降低了土壤次生盐渍化发生和地下水资源污染，耕地综合生产能力大大提高，有利于作物生长。

7）增加产量，改善品质，提高经济效益　滴灌的工程投资（包括管路、施肥池、动力设备等）每亩约为 1 000 元，可以使用 3 ~ 5 年。与常规技术相比，采用水肥一体化技术表现出显著的增产效果，在减少肥料用量 40% 的基础上，增产15% 以上。

2. 技术要领　水肥一体化是一项综合技术，涉及农田灌溉、作物栽培和土壤耕作等多方面，其主要技术要领须注意以下四方面：

1）建立一套滴灌系统　在设计方面，要根据地形、田块、单元、土壤质地、作物种植方式、水源特点等基本情况，设计管道系统的埋设深度、长度、灌区面积等。水肥一体化的灌水方式可采用管道灌溉、喷灌、微喷灌、泵加压滴灌、重力滴灌、渗灌、小管出流等。特别忌用大水漫灌，这容易造成氮素损失，同时也降低水分利用率。

2）建立一套施肥系统　在田间要设计为定量施肥，包括蓄水池和混肥池的位置、容量、出口、施肥管道、分配器阀门、水泵、肥泵等。

3）选择适宜肥料种类　可选液态或固态肥料，如氨水、尿素、硫酸铵、硝酸铵、磷酸一铵、磷酸二铵、氯化钾、硫酸钾、硝酸钾、硝酸钙、硫酸镁等肥料；固态以粉状或小块状为首选，要求水溶性强，含杂质少，一般不应该用颗粒状复合肥（包括中外产品）；如果用沼液或腐殖酸液肥，必须经过过滤，以免堵塞管道。

4）灌溉施肥的操作　施用液态肥料时不需要搅动或混合，一般固态肥料需要与水混合搅拌成液肥，必要时分离，避免出现沉淀等问题。施肥时要掌握剂量，注入肥液的适宜浓度大约为灌溉流量的 0.1%。例如灌溉流量为 50 立方米 / 亩，注入肥液大约为 50 升 / 亩；过量施用可能会使作物致死以及环境污染。灌溉施肥的程序分 3 个阶段：第一阶段，选用不含肥的水湿润；第二阶段，施用肥料溶液灌溉；第三阶段，用不含肥的水清洗灌溉系统。

3. 朝天椒追肥要点　朝天椒是一种喜肥作物，管理中应做到科学施肥。施肥必须做到"两结合"，即有机肥与化肥相结合，大量元素肥与中微量元素肥相结合，才能确保朝天椒优质高产。朝天椒对氮、磷、钾施肥的搭配比例为 2：1：2。在朝天椒苗期也就是小麦（或大蒜等前茬作物）收获前可追施大量元素水溶肥（20-20-20+TE），均衡养分，促进朝天椒全面发展；在花后开始结椒时开始追施高氮高钾型水溶肥，如果土壤缺肥严重可结合叶面喷施进行，喷施叶面肥磷酸二氢钾 1 ~ 2 次，间隔半个月 1 次；朝天椒种植过程中追肥除了要根据辣椒所处生长期合理选择速效水溶肥外，还应控制生长环境，如温度、湿度和常见病害等，促进朝天椒健康生长。水溶肥施用注意要点如下：

1）选好含量 朝天椒选肥要根据生长所处阶段进行，不可随意追肥尿素、复合肥等传统肥料，追肥最好是速效水溶肥料，吸收快，转化利用率高。

2）间隔施肥 水溶肥不像基肥，肥效持效期为 20 天左右，一般在朝天椒花后间隔 15 天左右施 1 次，成熟前 1 周停止追肥。

3）浇水时间 浇水应在气温较低的早晚进行，切忌高温时段浇水，否则易引起萎蔫和死棵。

（二）机械化配套及应用技术

随着农村劳动力大量转移，"谁来种地""怎么种地"，成了亟待解决的问题。传统朝天椒生产仍需要大量人工，在人力不足、劳动力成本不断上升的情况下，机种、机耕、机收将是农民生产朝天椒的主要方式。

1. 集约化育苗 近年来，机械栽苗技术在朝天椒生产上快速推广，与此相适应集约化育苗势必要快速推广。集约化育苗参照本书第四部分朝天椒育苗技术有关内容。

2. 机械移栽

1）手持辣椒移栽器 手持辣椒移栽器可以定植 32 ~ 128 孔穴盘培育的苗子或其他合适的苗子，不能用于定植大型营养杯培育的苗子。手法熟练后比用栽铲定植要省工省力。该产品不适合泥栽和水栽，只适合旱地栽种。定植前要将土地耕翻打细，不得含有大块的砖和石子（图 5-2）。

2）秧苗移栽机 秧苗移栽机是多功能、高效率的田间栽苗机械。主要用于茄子、番茄、白菜、甜菜、棉花、辣椒、洋葱、油菜、哈密瓜、菜花、莴笋、卷心菜、西蓝花、黄瓜、芋头、马铃薯、花生和玉米等作物

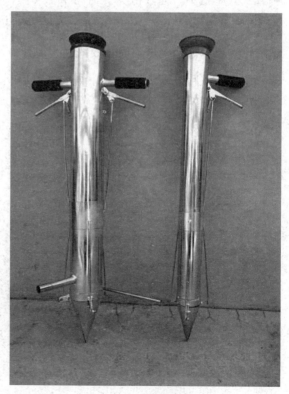

图 5-2 手持移栽器

的移栽作业,既能在覆膜前移栽,也能在覆膜后移栽。机械移栽技术目前已逐步成熟,随着土地流转,规模化朝天椒生产,机械移栽将会得到快速推广(图5-3)。

图5-3 秧苗移栽机

3.机械化喷药 传统的朝天椒病虫害防治手段基本以人工喷药为主,但是这种方式效率低下,而且植株受药面积不均匀,容易出现漏喷、重喷的现象。目前,在大型朝天椒生产基地已开始采用新型农业机械(图5-4),比如喷药机、飞机飞防、植保无人机等喷药先进手段,效率极大提升。比如,一架植保无人机一天可以作业300亩,确保能够及时进行病虫害防治,同时无人机克服了丘陵等不便于人工操作的地形困难,而且喷洒作业人员避免了接触农药的危险,提高了喷洒作业安全性。

图5-4 机械化喷药

六、朝天椒生产技术

近年来，单一的朝天椒栽培模式已逐步退出，而间作套种栽培模式已逐渐广泛应用。间作套种运用群落的空间结构原理，充分利用空间和资源，调整了田间结构，提高了光能利用效率。充分利用生长季节，增加复种指数，提高土地利用率，提高单位面积的作物产量，增加经济效益。以朝天椒为主要作物的间作套种栽培，涵盖了朝天椒与大部分粮瓜菜作物、低幼龄林果树等的合理搭配，以下介绍应用较为广泛的各种朝天椒生产模式的生产技术。

（一）春茬朝天椒生产技术

1. 育苗 参见本书第四部分朝天椒育苗有关内容。

2. 整地 朝天椒在瘠薄、干旱的山地均可种植，但是在地势低洼的盐碱地和质地较黏重、板结严重的土壤不利于朝天椒的生长。以土壤的酸碱度而言，适宜朝天椒生长的土壤酸碱度为微酸性或中性。朝天椒种植基肥每亩需要施腐熟有机肥4 000 ~ 5 000千克、复合肥50千克（N-P-K=15-15-15）、硫酸钾25千克，化学肥料沟施于小垄中间。结合整地施肥每亩撒施3% 辛硫磷颗粒剂2 ~ 3千克防治地下害虫。在施肥沟上做垄，垄宽30 ~ 40厘米，高约25厘米，垄间距50厘米左右，在垄上覆盖地膜。

3. 定植 河南地区一般4月中旬至5月初定植。簇生朝天椒定植时要保持窄行距40厘米，宽行距50厘米，株距18 ~ 20厘米，每畦种2行，一般亩定植7 400 ~ 8 200株，也可依据不同朝天椒品种的生长特性确定定植密度。单生朝天椒长势旺，相对稀植，一般要求垄宽1.5 ~ 1.7米（即沟与沟间距），株距50 ~ 65厘米，每亩种植苗数1 200 ~ 1 800株。杂交一代品种生长势旺，分枝能力强，应适当稀植；

常规品种生长势弱分枝能力差，可密植。杂交种多采用单株定植，常规种则可采用双株定植。定植前一天将苗床浇1次透水以利起苗，以多云或晴天下午定植。定植后需立即浇水，以保证幼苗成活率。

4. 田间管理

1）补栽　定植后1周内及时查漏补栽，要逐块逐行检查，当发现缺苗时，随即栽苗，补栽的秧苗苗龄可稍大些，使全田生长基本整齐。补栽后及时浇水。补苗的原则是"宁早勿晚"。当补栽的苗成活后，若补栽的苗小，要及时偏施肥水，使补栽苗尽快赶上正常定植苗，达到生长一致。

2）摘心　当植株顶部出现花蕾时及时摘心，可限制主茎生长，增加侧枝数，提高单株结果率，提高单株产量。摘心迟，影响侧枝生长。

3）浇水　定植缓苗后，一般5～7天浇1次水，保持土壤有干有湿。植株封垄后，田间郁闭，蒸发量小，可7～10天浇1次水。有雨时不浇，保持土壤湿润即可，雨后要及时排水。进入果实转红期，要减少或停止浇水，防止贪青，促进果实转红，减少烂果。

4）追肥　定植后到结果初期，是朝天椒生长较快的一个时期，应结合浇水进行第一次追肥，每亩施入尿素10～15千克，促进茎叶旺盛生长。摘心打顶后，进行第二次追肥，亩施尿素15～20千克或复合肥20～25千克，以促进侧枝生长，促使植株及早封垄。侧枝坐果后，进行第三次追肥，促进果实膨大，每亩沟施尿素5千克、磷酸二铵10千克、硫酸钾10千克。生长后期，根系活力下降，吸肥能力减弱，可进行根外追肥，可喷洒0.4%磷酸二氢钾溶液，促进开花结果。若叶色发黄可喷0.5%～1%尿素水溶液。叶面施肥应选择阴天或傍晚喷施，以利植株吸收。

5. 采摘和晾晒　请参见本书第八部分朝天椒的采收及采后处理技术等相关内容。

（二）麦茬朝天椒生产技术

1. 育苗　参照本书第四部分朝天椒育苗有关内容。

2. 整地施肥　小麦收获后及时结合犁地抓紧灭茬、施足基肥。每亩可施用充分腐熟优质农家肥5 000千克，氮磷钾三元复合肥35千克，或磷酸二铵100千克。

3. 定植　麦套朝天椒苗龄50～60天，于6月10日前定植。起苗前天浇透水，起苗时尽量多带土，少伤根，剔除弱苗。按行距30厘米，株距18～20厘米，每亩栽11 000～12 000株，两行错开定植，利于通风、透光。也可根据种植的朝天椒品种的生长特性选择适宜的定植密度。

4. 田间管理　定植后1周内进行查苗补栽。主茎现蕾后，及时摘心打顶，促进幼苗萌发侧枝。定植成活后浅锄1次，浇水降水后及时中耕锄草，破除板结。

1）定植后及时浇水　5～7天后浇缓苗水。中后期干旱，应小水勤浇，高温干旱时禁止中午前后高温时段浇水，忌雨前浇水，久旱忌浇大水，雨后及时排除积水。

2）追肥　缓苗后到结果期，每亩追施尿素10～15千克，坐果后每亩追尿素10～20千克，氮磷钾三元复合肥20～25千克。中后期进行根外追肥，喷施0.5%磷酸二氢钾溶液、1%尿素溶液、0.2%硫酸锌溶液等。

3）化学催红　在降霜或腾茬前，青果较多时，可在采收前7～10天用40%乙烯利水剂100倍液喷洒催红。或将朝天椒拔棵后堆成小垛，用40%乙烯利水剂500倍液喷洒催红。

5. 采摘和晾晒　请参见本书第八部分朝天椒的采收及采后处理技术等相关内容。

（三）小麦间作朝天椒套种生产技术

1. 育苗　请参见本书第四部分朝天椒育苗技术有关内容。

2. 定植　5月上中旬定植，做到"苗到不等时，时到不等苗"，适时偏早的原则，以利早开花，早结果。定植要掌握"小株型宜密，大株型宜稀"原则，肥力高的田块宜稀，肥力差的薄地宜密。常规品种适时密一点，杂交品种稍稀一点。麦套朝天椒中等肥力的田块一般掌握在6 500～7 000穴为宜，也可根据种植的朝天椒品种的生长特性选择适宜的定植密度。

在幼苗定植前1天应在苗床上喷洒500倍液的病毒A加1 000倍液的锌肥预防病毒病。在移植时要"看天、看地、看苗情"。看天气，应选择晴天无大风时进行移植；看地，即看土壤墒情整地质量，如果土壤干旱严重，应浇水后再进行移植；看苗情，去弱选壮，根据苗的高度分批移植，达到均衡生长（图6-1）。

图 6-1　麦椒套种模式

3. 田间管理

1）浇水　及时浇定植水、缓苗水、扎根水。根据往年的旱情，这"三水"是非常关键的。浇扎根水的同时进行田间查苗补苗。"三水"过后，进行一次浅中耕。

2）追肥　朝天椒需肥量大，因此要注意后期追肥，具体施肥技术参照春茬朝天椒的追肥要点。

3）喷施生长调节剂，防止落花落果　高温、多雨、干旱、积水、缺肥、徒长及病虫危害等都会造成簇生朝天椒落花落果。要防止这种现象的发生，必须加强田间管理，保护根系，防止干旱、积水，确保开花、结果足够的营养供给，合理地调控营养生长与生殖生长同时并进。可喷施磷酸二氢钾、硼肥和PBO生长促控剂等，一般喷施3～5次，可增产10%以上。

根据河南农业职业学院和河南省粮源农业发展有限公司采用75%肟菌·戊唑醇水分散粒剂4000倍液喷雾防治疫病和炭疽病的试验表明，不仅防治疫病和炭疽病取得显著效果，同时对植株主茎生长有抑制作用，促使营养生长向生殖生长转化，减少二次生长；可以提高果实品质，簇生朝天椒生长表现簇生多而集中、色泽好、易采摘，能较好解决朝天椒二次生长影响品质和产量的技术难题，减少不必要的营养消耗，增加干物质积累，后期脱水快，成熟度提高10.3%，干鲜比提高5.0%。

4. 采摘　请参见本书第八部分朝天椒的采收及采后处理技术等相关内容。

（四）朝天椒－玉米间作套种生产技术

朝天椒与玉米间作前茬可选择大蒜茬、油菜茬和小麦茬。玉米选用大棒竖叶型品种，如豫单9953、滑玉12等，朝天椒选用豫樱2号、三樱8号等，可以选用两种朝天椒－玉米间作套种模式（图6-2）。

图6-2　朝天椒－玉米间作套种

模式一：选2.6米一个播带，7行朝天椒，1行玉米。朝天椒行距30厘米、株距20厘米，每亩8 979株；玉米株距20厘米，每亩1 282株。

模式二：选2.3米一个播带，6行朝天椒，1行玉米。朝天椒行距30厘米、株距20厘米，每亩8 696株；玉米株距20厘米，每亩1 450株。

1. 朝天椒栽培技术要点

1）播种育苗　朝天椒春栽为2月下旬至3月上旬；油菜、大蒜茬为3月下旬；小麦茬为3月下旬至4月上旬。苗龄60～70天。育苗方式春栽；采用温床或阳畦；油菜茬、小麦茬采用小拱棚。每栽1亩，需苗床25平方米，播种150～200克。如果出苗过密，3～4片叶时可分苗1次，1穴2株，穴距7～8厘米。朝天椒育苗请参见本书第四部分朝天椒育苗有关内容。

2）施足基肥，精细整地　朝天椒根系不发达，适宜在地势高燥、排水性和保水性良好，有深厚土层的肥沃土壤或沙壤土中种植。土壤肥力应在中等以上。要早整地，力求整平疏松。做好排水系统，不能在低洼处种植。一般采用分畦种植，每畦宽约 2 米。整地时应施足基肥，以亩产 250 千克干椒为例，每亩施优质厩肥 4.5 立方米，碳酸氢铵 60 千克，过磷酸钙 50 千克，硫酸钾 15～30 千克，硫酸锌 1.5 千克，也可亩施三元复合肥（N-P-K=15-15-15）50 千克代替氮磷钾化肥。

3）定植　朝天椒幼苗长到 7～10 片叶，株高约 14 厘米时即可移植。春椒 4 月下旬移栽定植，油菜茬、大蒜茬、大麦茬，河南地区力争 5 月底之前定植结束；小麦茬栽植朝天椒，必须选早熟麦田，力争 6 月 5 日前定植结束。大蒜茬、油菜茬朝天椒行株距 30 厘米 ×（22～28）厘米，每亩 8 000～10 000 株；在玉米预留行及早播玉米，玉米株距 20 厘米，每亩 1 450 株；麦茬朝天椒行株距 30 厘米 ×（18～22）厘米，每亩 10 000～12 000 株。移栽深度 5～10 厘米，先浇水后移栽，如果随栽随浇水，水不要浇得过大，以免冲倒朝天椒幼苗。栽后要及时补苗。

4）田间管理

（1）浇水　朝天椒的需水量并不多，但由于根系不发达，主根群仅分布在表土 10～15 厘米的土层内，若不经常保持土壤湿润难以获得高产，一定要注意水分的供应。朝天椒定植时需灌透水，缓苗后再浇水，确保成活；初花坐果时适当浇水，盛果期水分要充足，果实开始红熟时应控制浇水，避免植株贪青而降低红果率。土壤湿度过大会引发病害，甚至死苗，浇水要早晚进行，大雨过后要及时排水。

（2）中耕培土　定植后要勤中耕除草，破除板结，提高土温，促进根系生长，免生杂草。在初果期可结合中耕进行培土，使行间成一条小沟，既可以防止倒伏、防旱，又便于灌水、排水。进入盛果期，田间已经封垄，应停止中耕。若有杂草，应及时拔除。

（3）适时摘心　簇生朝天椒摘心可增加有效分枝数，同时增加叶片数，扩大叶面积，提高单株的光合效率，也有利于提高产量。一般在顶端出现花蕾时应及时将顶部分枝和花蕾摘除，摘除时要尽量保留茎生叶，以增加有效侧枝数，夺得高产。

（4）追肥　朝天椒整个生育期一般进行 2 次追肥。第一次在朝天椒定植后 15～20 天，亩施复合肥（高氮高钾型蔬菜专用复合肥）20～30 千克，促进朝天椒苗健壮生长，为早熟丰产打好基础；第二次在花果盛期，促进朝天椒多开花多结果。另外，为防止温度过高或过低引起落花落果，还可采用 300 毫克/千克保花保果防落素溶液，在初花期喷花。

5）病虫害防治　请参见本书第七章朝天椒的病虫草害防治技术等相关内容。

6）采收　由于朝天椒成熟不一，建议田间分批采收，减少果实养分消耗，增加产量与增进品质。若不及时收摘，一是影响上层结果能力；二是老熟果长在植株上会养分外流，据测定，若成熟后在植株上再长 10 ~ 15 天，果重可下降 5% ~ 10%；三是成熟后遇到连阴雨天气，椒角可能纵向开裂，炸皮霉烂，失去商品价值。所以，朝天椒应分次收摘，成熟一批收摘一批，春椒可分 3 ~ 4 次收摘，夏椒可分 2 ~ 3 次收摘。一般情况下，春椒若分 3 ~ 4 次收摘比 1 次收摘可增产 30% 左右。最后一次采收时应整秧拔下，先放在田间晾晒 3 ~ 4 天，后进行整秧晾晒。一般晾晒 15 ~ 25 天，当用手摇晃朝天椒时，能听到朝天椒籽粒撞击果皮的声音时即可。

2. 玉米栽培技术要点

1）施肥　第一次施肥在玉米播种后 25 天，每亩追施三元复合肥（N-P-K=15-15-15）30 ~ 40 千克，施于玉米行边沿，深度 10 ~ 15 厘米；第二次在玉米播后 45 天追施尿素 25 千克，条施或穴施，深施覆土，以攻穗增粒。

2）浇水　玉米抽雄前 10 天和抽雄后 20 天为玉米需水临界期，干旱时必须浇水，浇水可结合朝天椒浇水进行。发生涝灾时，及时排除田间积水。

3）病虫害防治　苗期防治蓟马、灰飞虱、蚜虫等，可用 5% 吡虫啉乳油 2 500 倍液喷雾防治。玉米条斑病在发病初期，可喷洒 50% 多菌灵可湿性粉剂 500 倍液，50% 甲基硫菌灵可湿性粉剂 600 倍液，75% 百菌清可湿性粉剂 800 倍液，7 ~ 10 天喷洒 1 次，连续防治 2 ~ 3 次即可；玉米黑粉病一般可选用抗病品种，消灭侵染源，在病瘤成熟破裂前摘除并及时深埋，加强栽培管理，实行轮作控制。

4）收获　玉米籽粒乳线消失，基部出现黑色层，苞叶上口干枯松散，果穗苞叶变黄干枯时收获。收获后将穗位以下叶片摘除，为朝天椒后期生长创造良好的通风条件。

（五）"3-2-1"式小麦朝天椒 - 玉米间作套种生产技术

"3-2-1"式即 3 行小麦、2 行朝天椒、1 行玉米间作，小麦播种时以宽 90 厘米做畦，留大畦埂，畦内种植小麦 3 行，垄上移栽 2 行朝天椒，2 垄朝天椒间作 1 行玉米。垄上朝天椒定植行距 30 厘米（理论定植行距 45 厘米），穴距 25 厘米，每穴 2 株，2 行最好错开成三角形状定植。玉米以 1.8 米行距，0.5 米株距麦垄点播。

1. 培育壮苗 一般可采用小拱棚平畦直播育苗，豫北地区在 3 月上中旬播种，每亩用种量 75 克。移栽时双株定植，每亩定植 12 000 株左右，需苗床面积 20 ~ 25 平方米。

2. 整地

1）施肥 9 月底小麦播种前结合犁地施足基肥。每亩可施用充分腐熟优质农家肥 5 000 千克，氮磷钾三元复合肥（N-P-K=15-15-15）35 千克，磷肥 100 千克。尽量多施有机肥，增加土壤团粒结构，有利于植株的生长。

2）起垄 按 90 厘米做畦起垄，畦宽 50 ~ 55 厘米，垄宽 35 ~ 40 厘米，畦内播种 3 行小麦，垄上定植 2 行朝天椒。

3）定植 朝天椒苗龄 45 ~ 60 天移栽，黄河中下游一般在 4 月底至 5 月中旬移栽定植，麦套种植定植应尽量提早。朝天椒在垄两边种植以行距 30 厘米，株距 25 厘米，每穴 2 株，2 行错开成三角形状定植，利于通风、透光和生长；或根据种植的朝天椒品种的生长特性选择适宜的定植密度。于 5 月底麦垄点播玉米，按 1.8 米行距，每隔 2 垄朝天椒种 1 行玉米，玉米株距 50 厘米。

3. 田间管理

1）中耕培土 小麦收获后及时中耕除草，第一次应浅锄，中耕深度一般在 3 厘米左右，破除表土板结，增温保墒，特别在灌水和下雨后应及时中耕，以增强土壤透气性。植株根系扎深后中耕深度可在 6 厘米左右。中耕次数可根据浇水、板结和杂草情况而定，一般 3 次，封垄后停止中耕。

2）追肥 进入结果期后，开始追肥，一般每亩每次施氮磷钾三元复合肥（N-P-K=15-15-15）20 ~ 25 千克，追肥次数 2 ~ 3 次，拔棵前一个月停止追肥。

3）浇水排水 朝天椒既怕旱又怕涝，因此要特别控制和保持土壤中水分，浇水时以小水浇为好，切忌大水漫灌。遇大雨天气，严防田间积水，有积水要及时排水。

4）玉米管理 麦收后应及时间苗定苗，结合簇生朝天椒虫害防治，注意防治玉米钻心虫等害虫，灌浆后及时打掉下部老叶，解决田间通风问题。

（六）朝天椒 - 大蒜间作套种生产技术

1. 套种模式 采用"三二式"种植模式：采取低畦宽 60 厘米种植 3 行大蒜，行距 20 厘米左右，株距 10 厘米左右，两畦间起宽 30 厘米、高 15 厘米的高畦预留种植朝天椒。这样就形成朝天椒小行距 30 厘米、大行距 60 厘米的宽窄行的间作套种模式（图 6-3）。

图 6-3 蒜椒套种模式

2. 大蒜栽培技术

1）精细选种　选头大、瓣匀，无霉变、无病斑，直径在 5 厘米以上的蒜头做蒜种，下种前 5～7 天，将选好的蒜种晾晒 2～3 天。

2）整地施肥　大蒜施肥提倡"控氮、增磷、补钾、加微"的施肥方法，在播种前结合整地施入优质有机肥 6 000～8 000 千克，硫酸钾复合肥 60 千克，硫酸锌 2 千克。

3）播种　秋播大蒜喜凉忌热，一般 9 月 28 日至 10 月 6 日，比较适宜大蒜的播种。

4）定植　播种深度为 4 厘米左右，株距为 8～10 厘米，行距 18～22 厘米，需栽直、栽稳，蒜瓣腹背面应与行向一致，定植后及时灌水覆盖地膜。

5）田间管理　冬前大蒜出苗期管理：大蒜播种后，一般 4～6 天出苗，如果不能正常破膜出苗的，要人工辅助破膜放苗。播后 10～15 天浇水 1 次，有利于大蒜根系的生长。封冻前浇越冬水，随水冲施肥。越冬后管理：地膜大蒜越冬后，2 月底至 3 月上旬浇 1 次返青水。结合浇水每亩施尿素 15 千克左右；3 月下旬浇"退母发棵"水，施足肥料，施尿素 12～15 千克，磷酸二铵 4～5 千克，补给速效钾肥。4月中旬在抽薹膨大期施足肥,结合浇水追尿素12千克,磷酸二氢钾5~6千克。5月初至5月20号,每4~6天浇水1次,结合浇水追肥1次。蒜薹打弯时抽薹,抽薹前3~4天停止浇水。蒜薹收获后应保持土壤湿润,促进蒜头迅速增大,直至收获前2~3天,停止浇水。

6)蒜薹采收 选取晴天下午进行采收,用手在蒜苗基部捏一下,或用钉子扎破蒜苗基部,再抽取,这样抽出的蒜薹长,给蒜苗造成的伤口小,对蒜头的生长影响小。

7)蒜头采收 蒜薹采收20天后可收蒜头,在叶子全黄前采收完,尽量避开雨季。

8)病虫害的防治 大蒜主要病虫害有叶枯病、灰霉病、根蛆、葱蓟马等,应注意及时防治。

(1)农业防治 首先,要进行合理轮作。大蒜叶枯病、紫斑病、霉斑病等病害病原菌均能在土壤或病残体中越冬或越夏,造成病原基数上升。一般蒜田应与非百合科作物进行3~5年的轮作,减少病原基数,保证土壤中某些营养元素的补充,减轻病害的发生。其次,合理灌溉。大蒜根系既不耐寒又不耐涝,土壤干燥要及时浇水,利于抑制蓟马的发生;雨量过大,及时排水,撒施草木灰降低田间湿度,同时增施钾肥抑制灰霉病和根蛆的危害,达到增产防病的目的。最后,要及时清洁田园。病虫害易发生地区或田块尤其重要,清除病残体,及时拔除中心病株,带出田园处理。

(2)化学防治 ①病害防治。叶枯病用75%百菌清可湿性粉剂600倍液喷雾防治。灰霉病用70%代森锰锌可湿性粉剂500倍液,或50%腐霉利可湿性粉剂1 500~2 000倍液喷雾防治。紫斑病用75%百菌清可湿性粉剂500~600倍液,或58%的甲霜灵·锰锌可湿性粉剂500倍液喷雾防治。②虫害防治。根蛆、蛴螬在犁地前用3%辛硫磷颗粒剂5~6千克均匀撒施;也可在播种后,每亩用2~3千克药麸毒饵在田间施2~3次。葱蓟马用50%辛硫磷乳油1 000倍液、20%氯马乳油2 000倍液喷雾防治。

3. 朝天椒栽培技术

1)茬口安排 于3月上旬播种育苗,4月下旬定植。

2)品种选择 选择抗病、优质、高产的优良朝天椒品种,如三樱椒6号、半吨红、红玉、子弹头、天宇5号。

3）育苗

（1）播种　播前用5℃左右的温水浸泡消毒15～20分，再用20～30℃水浸种6～8小时，用纱布将种子包好，放在25～30℃条件下催芽，种芽露尖即可播种。播前床土浇透水、保持平整，将催好芽的种子均匀地撒在畦内，按照每平方米苗床播10克干种子，再覆盖0.8～1厘米厚的过筛细土，最后盖上白色地膜保墒增温。

（2）苗床管理　①温度管理：出苗前白天温度保持在25～30℃，夜间保持在16～20℃，白天晴天注意小拱棚防风降温，出苗70%揭去地膜。齐苗后降低苗床温度，白天温度保持在25℃左右，夜间保持在15～17℃，防止徒长。②水肥管理：4叶1心前严格控制浇水，干旱时小水勤浇，忌大水漫灌。定植前10天控制肥水，防止旺长。如果缺肥，可叶面喷施0.5%尿素溶液。在定植前12天左右控制浇水，进行蹲苗，喷洒1遍叶面肥，如0.5%磷酸二氢钾溶液。

（3）间苗覆土　辣椒苗2～3片真叶时间苗，苗距4厘米。覆土2～3次，保湿增温，促使早发不定根。第一次覆土在齐苗后，第二次、第三次在间苗后进行，每次覆土厚度为0.3～0.5厘米。

（4）炼苗蹲苗　秧苗长出4片真叶后逐渐放风炼苗，4月下旬至5月上旬去除棚膜，控制水分，促进椒苗健壮生长。蹲苗在出苗后开始，及时通风，保持适宜温度，防止幼苗徒长。

（5）壮苗标准　苗龄60天左右，株高20厘米左右，展开真叶12片左右。茎粗壮，节间短，茎直径3～4毫米，节间长1.2厘米左右。叶片肥厚，浓绿，有光泽。根系发达，无病虫害。

4）间作栽培　一般在4月下旬至5月上旬开始定植，在畦埂两边打孔种植，株距20厘米左右，常规簇生品种双株栽培，杂交品种单株栽培，每亩7 000穴左右。

（1）肥水管理　大蒜栽培采用地膜全覆盖栽培，收获后及时浇水，每亩可冲施尿素5～7千克。盛果期每亩施硫酸钾三元复合肥30～40千克。前期7～8天浇水1次，要浇小水，忌大水漫灌。后期应控制浇水。进入雨季后要注意排水防涝，连阴雨天气后遇到暴晴天气要浇小水。

（2）植株调整　当植株长到12～14片叶时，打顶。促进侧枝生长发育，提早侧枝的结果时间，增加侧枝的结果数量，提高产量。结果盛期喷施促控剂和多元素叶面肥防止落花、落果、落叶。后期喷施0.2%磷酸二氢钾加0.2%尿素溶液。

（七）朝天椒－大蒜、西瓜、花生的间作作套种生产技术

朝天椒－大蒜、西瓜、花生的间作套种模式在朝天椒－大蒜的间作套种的基础上增加了西瓜、花生的种植，此模式在西瓜、花生产区大面积应用，如河南的中牟县、通许县、尉氏县、西华县、太康县、民权县、柘城县。

朝天椒、大蒜、西瓜、花生的间作套种基本上采用以下模式：4米1个种植条带，播种15行大蒜，行距20厘米，留1.2米空当起2垄，垄宽40厘米，中间开沟，每垄中间种1行西瓜。每垄两侧种植2行簇生朝天椒。距簇生朝天椒80厘米中间条带种5行花生，参考株行距20厘米×30厘米（图6-4）。

图6-4 朝天椒－大蒜模式

1. 大蒜生产技术 参照上一小节朝天椒－大蒜的间作套种生产技术中大蒜栽培技术。

2. 西瓜生产技术 朝天椒－大蒜、西瓜、花生的间作套种，西瓜育苗时间豫北地区应在2月下旬至3月上旬，选择早熟品种，以8424、甜宝、京欣居多。

1）优质瓜苗的培育 传统营养土配置用未种过瓜类5年以上的无病干燥园土粉碎，每立方米土中加三元复合肥（N-P-K=15-15-15）、过磷酸钙各300克，再加50%多菌灵可湿性粉剂50克拌匀，堆腐4周后过筛装入营养钵中备用。也可采用

穴盘育苗技术，穴盘育苗是现在大面积推广的新的育苗技术，多采用 50 孔穴盘，所育的瓜苗无病害，生长快，苗壮，移栽不缓苗，抗病性强。

（1）种子处理　选晴天晒种 1 ～ 2 天，注意要避免烫伤种子。晒好后浸种。将完整无损的种子在 55℃（约是 2 份开水加 1 份冷水）温水中浸种 20 ～ 30 分，然后在室温下浸种 8 ～ 12 小时，浸种完毕，擦去种子表面黏膜，冲洗干净，沥干水分，用湿布包好。放入 30℃ 左右的温度环境下催芽。播种前将营养钵浇透，晴天午后 1 钵播种 1 粒种子，胚芽朝下，覆盖 0.5 厘米的营养土，盖膜。白天棚温保持 25℃，夜间保持 16℃ 以上。

（2）苗期管理　当种苗破土达 25% ～ 30% 时揭去地膜。营养钵表土以稍干为主，以利于根系的生长。

（3）苗期防病　出苗 1 周后要喷药防治立枯病、猝倒病、疫病。用 30% 苗菌敌可湿性粉剂 500 倍液喷雾 1 ～ 2 次，间隔 7 天。

（4）炼苗　定植前 5 ～ 7 天选择晴天，喷 1 次 50% 多菌灵可湿性粉剂 500 倍液 + 72.25% 霜霉威水剂 500 倍液，炼苗视幼苗素质灵活掌握，壮苗少炼，弱苗逐步增加炼苗强度。

2）整地　整地开沟，重施基肥。西瓜茎叶繁茂，生育期短，产量高，需肥量大，必须施足基肥，为西瓜全生育期提供基本养分。特别是盖膜栽培，追肥不方便，如基肥不足，易造成植株早衰，影响果实发育。基肥以长效性有机肥为主，再加入适量的化肥。选择开春后在预留行开沟 50 厘米深，根据土壤肥力而定。每亩可施优质有机肥 2 500 ～ 4 500 千克或饼肥 100 ～ 200 千克，西瓜专用复合肥 40 ～ 50 千克。与土壤充分混匀，起垄盖地膜，垄高 15 ～ 20 厘米。4 米条带起 2 垄，2 米条带起 1 垄。

3）定植　4 月中下旬定植，选择晴天的下午或者阴天、多云为佳，株距以早熟品种 50 厘米、中晚熟品种 60 厘米为宜。移栽好后，灌浇定根水 1 次，宁小勿大，保持土壤表面见干见湿。

4）田间管理

（1）缓苗期管理　在栽后 3 天，检查瓜苗成活情况，出现死苗，立即补苗。

（2）伸蔓期管理　出蔓后，及时理蔓，理蔓于下午进行，避免伤及蔓上茸毛或花器。主蔓长 60 厘米左右开始整枝，去弱留壮，每株留 2 条粗壮侧蔓，亦可双蔓整枝，其余不断剪除。

（3）坐瓜期管理　白天温度保持在 30℃，夜间不低于 15℃，否则坐瓜不良。植株长势好、子房发育正常的，主侧蔓第二朵到第三朵雌花坐瓜，可以人工辅助授粉，开花时在 7 ～ 9 时进行人工授粉，幼瓜坐稳后每株保留 1 ～ 2 个正常幼瓜，其余摘除。西瓜呈鸡蛋大小时疏瓜，摘除低节位或瓜形不正、带病受伤幼瓜，以保留正常节位果实的发育。

（4）膨瓜期管理　西瓜呈鸡蛋大小时，每亩用速效复合肥 10 ～ 15 千克，7 ～ 10 天冲施 1 次。此期补肥结合浇水进行，保持地面见干见湿。及时清理老、病枝条，保留健壮的侧蔓。

5）病虫害防治　西瓜常见病害主要有病毒病、炭疽病、枯萎病。病毒病主要是由蚜虫传播，应重点治蚜防病。①蚜虫发生高峰前，可喷 20% 吡虫啉可湿性粉剂 1 500 倍液喷雾防治。②病毒病发病初期用 20% 病毒 A 可湿性粉剂 500 倍液，或 2% 氨基寡糖素 600 倍液，或 20% 克毒宁可湿性粉剂 500 ～ 600 倍液，或 5% 菌毒清水剂 500 ～ 600 倍液，每 7 ～ 10 天 1 次，连喷 3 ～ 4 次。③炭疽病发病初期，喷洒 80% 炭疽福美可湿性粉剂 800 倍液，或 70% 甲基硫菌灵可湿性粉剂 500 倍液。④发现枯萎病及时采用 50% 多菌灵可湿性粉剂 500 倍液灌根，每株 250 克，同时加入西瓜植保素，增产防病效果更好。

3. 朝天椒生产技术　豫北地区 4 月下旬至 5 月上旬在每垄西瓜的两侧提早定植簇生朝天椒，常规品种株距 20 ～ 25 厘米，杂交品种株距 35 ～ 40 厘米。田间管理技术请参照朝天椒与大蒜的间作套种生产有关内容。

4. 花生生产技术　花生应选适应性广，增产潜力大，抗病中熟的大花生品种。5 月中旬，结合浇西瓜膨大水，套种花生。西瓜收获后及时灭茬、松土，清棵灭草。为促苗早发，可结合浇水，每亩施氮磷钾复合肥 25 千克。中期注意灭荒锄草，封垄前进行培土，促进果针入土结果。结荚初期（一般在花生开花后 30 天左右），在植株生长过旺、田间有过早封行现象时，叶面喷施多效唑进行化控。花生生长中后期，最容易感染叶斑病和花生锈病，使叶片枯黄、掉叶，影响荚果成熟，导致秕荚多。①防治叶斑病，用 70% 甲基硫菌灵可湿性粉剂 1 000 倍液，或 50% 多菌灵可湿性粉剂 800 ～ 1 000 倍液喷雾。②防治花生锈病，在发病初期，用 20% 三唑酮乳油 200 倍液喷雾即可。

（八）早春大棚朝天椒－西瓜间作套种栽培技术

1. 茬口安排 春茬西瓜要赶早上市，采取"棚膜＋二膜＋双拱棚＋地膜覆盖"栽培模式，朝天椒种植在两个拱棚之间。早春茬西瓜，2月上旬定植，五一节前后收获拉秧；朝天椒2月底定植，6月上旬上市（红椒），可以一直采收到霜降前后（图6-5）。

图6-5 早春大棚朝天椒－西瓜模式

2. 大棚早春茬西瓜栽培技术要点

1）品种选择 选择早熟、优质、抗病能力强的中果型西瓜品种，如欣研8号、8424、豫艺国豫2号等。

2）培育壮苗 采用穴盘或者营养钵，12月中旬在日光温室内育苗。壮苗标准为：3～4片真叶，茎秆粗壮，叶片厚实。西瓜连作地块要采用嫁接苗。

3）整地施肥 每亩施充分腐熟的有机肥3 000～4 000千克或者稻壳粪7 000～8 000千克，腐熟的饼肥100千克，过磷酸钙40～50千克，硫酸钾15～20千克，深翻耙平起垄。

4）定植 定植前15～20天在栽培垄上铺设滴灌带，滴灌带宽度3～4厘米，每畦铺设1条或2条，滴灌带距定植行10～15厘米，然后用地膜进行垄面全覆盖，可提高地温和减少土壤水分蒸发。当西瓜幼苗 3 ~ 4 片真叶时，选择茎秆粗壮、叶片厚实的壮苗在晴天上午定植，以株距 30 厘米、行距 2.8 ~ 2.9 米为宜，每亩种植 800 株左右。定植时要保证大拱棚内 2 个拱棚间的温度连续 3 天日出前不低于 -3℃，定植后小拱棚内温度保持在 30 ~ 35℃，以利缓苗。定植时用 70% 噁霉灵可湿性粉剂 1 500 倍液 + 甲壳素 1 000 倍液混配后放入容器中，把穴盘整个浸入药液中使根部蘸湿，然后取出幼苗放入定植穴、覆土，以育苗基质露出地表为准，封穴后单株浇水，防止地温降低。

5）田间管理

（1）温度管理 定植后 3 ~ 5 天内密闭保温，小拱棚内温度保持 30 ~ 35℃，高温高湿促进缓苗。生长前期白天小拱棚内温度保持在 28 ~ 32℃，夜间 14℃ 以上，地温 18℃ 以上。伸蔓期白天小拱棚内温度保持在 30 ~ 32℃，夜间不低于 15℃。坐果后保持 30℃ 左右，最高不超过 35℃。

（2）整枝压蔓 中果型西瓜保留 1 条主蔓和 1 条侧蔓，去除多余侧蔓。及时备好土块，理蔓压蔓，将主蔓理向大棚中心方向，确保蔓叶均匀分布，藤蔓每生长 30 ~ 50 厘米需要压蔓 1 次，叶蔓徒长的要重压。坐果前及时摘掉其他侧枝促生长，坐果后一般不再整枝，主蔓 25 ~ 28 节可摘心。

（3）人工授粉 选留主蔓第二或第三雌花授粉坐瓜（选择主蔓上第十二片叶以上的雌花），确保 1 株 1 瓜。晴天在 10 时前进行人工辅助授粉，阴天可适当延长。授粉时若瓜蔓生长旺盛，可用手将旺盛的瓜蔓顶部捏一下。

（4）选瓜、留瓜 一般中果型西瓜每株选留 1 个果形端正的瓜，要求坐瓜节位在 12 ~ 18 节，并做到及时疏果，以促进果实膨大。坐瓜后 15 ~ 20 天，对西瓜果实进行一次翻身操作，使原先与地面接触的一面转向上面，同时用干燥稻草或果垫垫瓜，可使收获时的瓜皮颜色均一漂亮。

（5）肥水管理 由于大棚春茬西瓜定植较早，前期地温低，所以前期尽量少浇水；缓苗后伸蔓前，结合浇水冲施伸蔓肥促早发，每亩施硫酸钾型三元复合肥（N-P-K=15-15-15）20 千克，浇水应顺着小行间的灌水沟进行，以防棚内湿度过大；坐果前控制水肥。当 70% 的西瓜长到鸡蛋大小时及时浇膨瓜水，施膨瓜肥，注意少施氮肥，增施磷钾肥，每亩施硫酸钾型三元复合肥（N-P-K=15-15-15）25 千克，提倡施用平衡型全水溶性肥料和生物肥，每隔 7 天施肥 1 次，共施 2 ~ 3 次。此外，还可每亩用硼砂 100 克 + 水 50 千克配成溶液于西瓜开花前后各喷洒叶面 1 次，2 次间隔 7 ~ 10 天，或每株灌浇硼砂溶液 0.5 ~ 1.0 千克。

（6）病虫害防治

☞ 病害防治。大棚早春茬西瓜主要病害有炭疽病、蔓枯病、疫病等。炭疽病发病初期，可用 70% 甲基硫菌灵可湿性粉剂 800 倍液，或 10% 苯醚甲环唑水分散粒剂 2 000 倍液，或 50% 异菌脲悬浮剂 1 200 倍液喷雾防治，5 ~ 7 天再喷 1 次。蔓枯病发病初期，可用 10% 苯醚甲环唑水分散粒剂 1 000 倍液 +75% 百菌清可湿性粉剂 500 倍液，或用 25% 嘧菌酯悬浮剂 1 000 倍液喷雾防治，若结合 25% 嘧菌酯悬浮剂 800 倍液病部涂抹，防治效果更好。疫病发病初期，可用 64% 噁霜·锰锌（杀毒矾）可湿性粉剂 500 倍液，或 72.2% 霜霉威盐酸盐水剂 800 倍液喷雾防治，7 ~ 10 天再喷 1 次，也可用 68% 精甲霜·锰锌水分散粒剂 600 倍液灌根。

☞ 虫害防治。虫害主要有蚜虫、白粉虱等，可用 70% 吡虫啉水分散粒剂 9 000 ~ 10 000 倍液，或 25% 噻虫嗪水分散粒剂 6 000 ~ 8 000 倍液，或 5% 啶虫脒乳油 1 500 ~ 2 500 倍液，或 0.3% 苦参碱水乳剂 500 倍液，或 2.5% 联苯菊酯水乳剂 3 000 倍液喷雾防治；遇连阴雨天时，也可用 15% 异丙威烟剂 250 克 / 亩熏蒸防治。

（7）采收　中果型西瓜一般在授粉后 28 ~ 32 天成熟，就地销售的建议在九成熟以上采收，短途运输的在八九成熟时采收，长途运销的八成熟时采收为宜。采收前 1 个月禁止使用农药，采收前 7 天停止浇水。

3. 大棚早春朝天椒栽培技术要点

1）品种选择　选择艳红系列早熟、分枝性好、红果时间适中的朝天椒品种。每亩用种量 5 克。

2）培育壮苗　12 月上旬在日光温室内育苗，采用 72 孔穴盘，苗龄 70 ~ 80 天，7 ~ 8 片叶。或者直接购买育苗厂家的成品苗，每亩成本约 300 元。

3）定植　2 月底定植在 2 个拱棚之间，株距 50 厘米，每亩套种 900 株左右。

4）田间管理

（1）摘心　西瓜拉秧后朝天椒及时吊蔓，只吊住主蔓即可，并在每行植株两侧栽桩子纵向拉绳帮扶。当植株顶部出现花蕾时及时摘心，可抑制主茎生长，增加侧枝数，提高单株结果数，进而提高单株产量。摘心迟则影响侧枝生长。

（2）浇水　缓苗后可视墒情浇 1 次缓苗水，之后到门椒采收前轻易不浇水。进入果实转红期，要减少或停止浇水，防止贪青，促进果实转红，降低烂果率。

（3）追肥　朝天椒生长期间禁止使用碳酸氢铵和乙胺类肥料。定植后到结果初期是朝天椒营养生长较快的一个时期，应结合浇水进行第一次追肥，每亩追施尿素10～15千克，促进茎叶旺盛生长。摘心后进行第二次追肥，每亩追施尿素15～20千克或硫酸钾三元复合肥20～25千克，以促进侧枝生长，促使植株及早封垄。侧枝坐果后进行第三次追肥，每亩沟施尿素5千克、磷酸二铵10千克、硫酸钾10千克，促进果实膨大。生长后期根系活力下降，吸肥能力减弱，可进行根外追肥，喷洒0.4%磷酸二氢钾溶液，促进开花结果。若叶色发黄可喷洒0.5%～1.0%的尿素溶液。叶面施肥应选择阴天或傍晚进行，以利植株吸收。

5）病虫害防治

（1）病害防治　朝天椒主要病害有枯萎病、根腐病、病毒病等。①枯萎病发病初期，可用50%多菌灵可湿性粉剂500倍液，或70%噁霉灵可湿性粉剂3 000倍液，或21.4%柠檬酸铜·有机络氨铜水剂800倍液喷雾，也可用6%嘧啶核苷类抗生素水剂500倍液+70%甲基硫菌灵可湿性粉剂100倍液灌根，每穴灌药量0.15～0.20千克，视发病程度连续用药2～3次，每次间隔7天。②根腐病发生初期，可用21.4%柠铜·络氨铜水剂600倍液灌根，7～10天灌根1次，连续防治2～3次。③病毒病发病初期，可用6%氨基寡糖素激活蛋白可湿性粉剂800～1 000倍液，或20%盐酸吗啉胍乙酸铜可湿性粉剂600～800倍液喷雾，也可用2%香菇多糖水剂600～800倍液喷雾，7天喷雾1次，连续防治3～4次。

（2）虫害防治　虫害主要有蚜虫、白粉虱、茶黄螨等，蚜虫和白粉虱防治方法同早春大棚西瓜。茶黄螨发生初期，可用73%炔螨特乳油2 000倍液，或15%哒螨灵乳油2 000倍液，或2.5%联苯菊酯（天王星）乳油2 000倍液喷雾，7～10天喷雾1次，连续防治2～3次，重点喷施植株上部嫩叶、嫩茎、花器和嫩果，注意轮换用药。

（九）朝天椒－小麦、芝麻间作套种栽培技术

1. 小麦－朝天椒套种

1）地块要求　选择地势高燥，平坦，排灌方便的地块。

2）整地与基肥　麦播整地要深耕细耙，耕深25厘米左右，旋耕2～3次，旋耕后用小耙镇压，确保田间土地细、碎、平、实、净。结合整地施肥，每亩施入40

千克的复合肥，氮磷钾含量均为 15%。

3）小麦品种选择 宜选用矮秆早熟小麦品种，如矮抗 58、豫麦 158 等。

4）小麦播种与预留行设置 小麦在 10 月上旬播种，每幅播 3 行小麦，幅宽 40 厘米，预留 80 厘米空当，带幅 120 厘米，如图 6-6。播种采用机械条播，行距 20 厘米，播种深度 3～4 厘米。亩播量 8～12 千克，基本苗 16 万～20 万株。

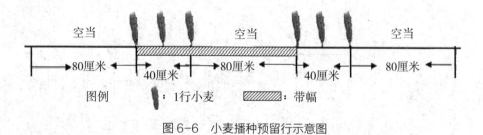

图 6-6 小麦播种预留行示意图

5）小麦拔节期追肥 小麦基部第一节定长时追拔节肥，亩追施尿素 8～15 千克。

6）朝天椒育苗

（1）苗床选择 苗床应选择在背风向阳、2 年内没种过茄科作物、有适当肥力而无病虫源的地块。

（2）朝天椒品种选择 选用株高适中的簇生型朝天椒系列品种，如三樱 8 号、豫樱 1 号等。

（3）朝天椒种子处理 播种前晒种 1～2 天，然后用 55～60℃热水浸种 10～15 分或 0.1% 高锰酸钾浸种 20 分、1% 硫酸铜浸种 5 分。

（4）苗床整理与播种 每栽 1 亩大田，需准备苗床 45～50 平方米，用种 150 克。每 45～50 平方米苗床施腐熟优质粗肥 300 千克、过磷酸钙 5 千克、草木灰 15 千克。肥料撒匀后翻耕 20 厘米，耙细耙平做畦，畦宽 1.2 米。播种后覆土 1 厘米左右，盖地膜。膜面拉紧铺平两边两头要压严压实。地膜盖好后畦上面小拱棚覆膜保湿升温。

（5）苗床管理 白天温度控制在 25℃左右，夜间 12～15℃；有 60%～70% 苗出土时揭去地膜，中午温度升高时注意放风降温。幼苗 2～3 片真叶时，若苗床缺水应及时喷水；4～5 片真叶时保持苗床见干见湿。幼苗 1～2 片真叶时要间苗 1 次，苗间距 3～4 厘米，去弱留壮，拔除杂草，防止拥挤。定植前 15 天炼苗，使幼苗逐步适应外部环境，提高移栽成活率。

7）朝天椒移栽前整地 翌年 4 月上旬，用微耕机将预留空当旋耕后，开挖排水沟，既利于后期朝天椒浇水、排水，还可减少收麦对朝天椒的影响。

8）朝天椒移栽定植 翌年4月下旬至5月上旬，将朝天椒定植到预留行沟内，每个预留行栽2行朝天椒，行距40厘米，朝天椒距小麦20厘米，带幅120厘米，如图6-7。朝天椒株距17～20厘米。朝天椒苗龄以60～70天为宜，选壮苗、大苗、根系发达的苗。先浇水，后移栽，应带土移栽，保护好朝天椒根部，栽深5～8厘米。

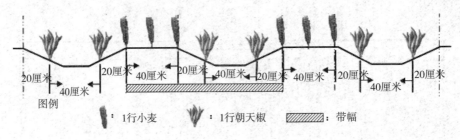

图6-7 小麦－朝天椒套种示意图

9）朝天椒打顶 朝天椒定植后5～7天后浇缓苗水，定植缓苗后20天内，朝天椒长到12～14片真叶时打顶。

10）小麦收获 翌年6月上旬，小麦进入完熟期，应适时早割，为间作芝麻争取时间。可采用机械收割，利用小型收割机骑跨在套种行间收获，收获时尽量不碾压朝天椒。小麦留茬高度为25～30厘米，小麦收获后形成了80厘米的空当，带幅120厘米，如图6-8。

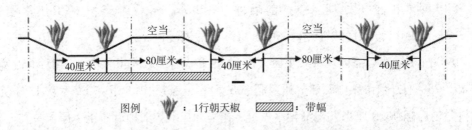

图6-8 小麦收获后形成80厘米空当示意图

2. 朝天椒－芝麻间作

1）朝天椒－芝麻间作模式 在小麦收获后形成的空当内播种芝麻，每间隔4行朝天椒，即每间隔1个空当播种1行芝麻，形成4行朝天椒1行芝麻的种植模式，播种带幅240厘米，如图6-9。

2）芝麻品种选择 芝麻品种宜选用单秆型、茎秆粗壮、抗倒、株型紧凑的品种，如漯芝21号、漯芝16号、漯芝19号等。

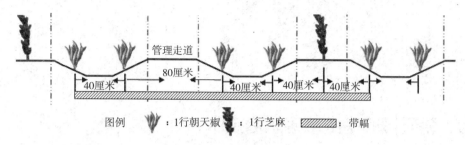

图例 ：1行朝天椒 ：1行芝麻 ：带幅

图6-9 辣椒芝麻间作示意图

3）芝麻播种时期及播种前整地 芝麻播种应做到麦收后抢时播种，最迟不能超过6月10日。播种时注意避开收割机的秸秆出口行，如果播种行小麦秸秆过多应将其清理后再播种。耕层0～20厘米土壤含水量达15%～35%，适墒播种。

4）芝麻播种方式与播量 采用独腿耧播种，播深3厘米左右。芝麻播种量为每亩50克左右。

5）朝天椒中耕培土 朝天椒第一棚果出现时进行中耕，中耕3厘米左右。结合中耕进行培土，将土壤培于植株的根部。

6）芝麻打顶保叶 8月15日左右打顶。打顶时，除去芝麻顶端1～3厘米为宜。整个生育期严禁摘叶。

7）肥水管理 小麦收获以后，朝天椒重施麦后肥，亩施尿素7.5千克、复合肥20千克；7月上旬亩施复合肥30千克。芝麻不需要额外施肥。8月底到9月初，芝麻、朝天椒处于生长后期，一般选用0.4%磷酸二氢钾进行叶面喷肥2～3次，可以减轻叶部病害，增加产量。所用磷酸二氢钾符合HG 2321的规定。根据朝天椒是否缺水灵活把握浇水。

8）杂草防除 芝麻播后苗前亩可用72%异丙甲草胺乳油500倍液或50%乙草胺乳油300～500倍液，均匀喷施在芝麻播种带内，防除杂草。芝麻出苗后发生草害，采用人工除草。

9）病虫害防治 加强病虫害的预测预报，适时进行药剂防治。根据朝天椒和芝麻各生育期病虫害发生情况，合理选用化学农药，提倡药剂轮换使用和合理混用。所施用农药应符合农药安全使用标准的规定。

10）芝麻辣椒适时收获 9月上中旬，当芝麻下部叶片全部脱落，仅剩上部极少叶片，下部2～3个蒴果开裂时收获。芝麻收割后捆成小捆，摆架晾晒，充分晒干后脱粒2～3次即可。9月下旬至10月上旬，朝天椒全部果实变红时，单株砍倒，就地晾晒后采摘收获。

七、朝天椒的病虫草害防治技术

在朝天椒的生长过程中，病虫草害是难以避免的，所以病虫草害防治在朝天椒的生产过程中不可忽视。在防治过程中，要贯彻"预防为主，综合防治"的植保方针，坚持以"农业防治、物理防治、生物防治为主，化学防治为辅"的绿色防控原则。绿色防控是指以确保农业生产、农产品质量和生态环境安全为目标，以减少化学农药使用为目的，优先采取生态调控、生物防治、物理防治和科学用药等环境友好型技术措施控制农作物病虫危害的行为。

（一）主要病害的防治技术

朝天椒的生长过程中主要病害有真菌性病害、细菌性病害、病毒性病害和生理性病害几种。

1. 真菌性病害

1）猝倒病（彩图1）

（1）发病症状　病害主要危害朝天椒幼苗，表现为幼苗茎基部初呈水渍状病斑，后变黄褐色，收缩变细成线状，湿度大时病部表面、病株附近表土有时长出一层白色棉絮状菌丝（病菌孢囊梗及孢子囊）。本病发展较快，往往病苗子叶尚未凋萎变色，已迅速倒伏，故称猝倒。

（2）发病特点　病菌以卵孢子及菌丝体随病残体在土壤中存活越冬，在土中营腐生生活。病菌主要借助灌溉水或雨水溅射而传播，也可借助施用堆肥或使用农具传播。初次侵染接种体为卵孢子，再次侵染接种体为孢子囊。通常苗期及苗床持续低温（15℃以下）高湿，光照弱或通风不良等，最易诱发本病。幼苗子叶中的养分耗尽，而新根尚未扎实前，即幼苗处于由自养阶段向异养阶段过渡的时期，其抗病力弱而最易发病。旧苗床或育苗地多年连作,或施用未经充分腐熟的土杂肥,往往发病较重。

（3）防治方法　①农业防治:不用旧床土或连作地块（特别是前作为黄瓜、茄果类的连作地）作苗床。最好选用新地做床或者用成袋的基质育苗。②物理防治:可用高温蒸汽对苗床土壤进行消毒（床土上覆薄膜,通入100℃高温蒸汽,把土壤加热到60～80℃维持30分）。③化学防治:播前用3%甲霜·噁霉灵（贝苗土）水剂800倍液对土壤进行消毒,初发病时可用75%百菌清可湿性粉剂800倍液,或70%噁霉灵可湿性粉剂300～500倍液喷雾防治。也可用铜氨合剂（用硫酸铜0.5千克加氨水10千克混匀,或用硫酸铜0.5千克加碳酸氢铵3.75千克混匀后,再加氢氧化钙1千克混合,置于容器内密闭24小时。上述两种方法配制的溶液,使用时加水750千克喷洒）,或40%三乙膦酸铝可湿性粉剂400倍液,或25%甲霜灵可湿性粉剂800倍液,或64%噁霜·锰锌（杀毒矾）可湿性粉剂500倍液,7～10天防治1次,连防2～3次。

2）立枯病（彩图2）

（1）发病症状　苗期主要病害,有时和猝倒病混合发生,成株期也可发病。发病初期,幼苗茎基部出现椭圆形的暗褐色病斑,有同心轮纹,幼苗白天萎蔫,早、晚恢复正常。立枯病继续发展,病斑逐渐凹陷扩大,绕茎一周,有的木质部暴露在外,造成病部收缩、干枯,导致秧苗死亡。但幼苗不立即倒伏,仍然保持直立状态,故称之为立枯病,这是与猝倒病不同的特征。湿度大时,病部可见蛛网状淡褐色霉层,无明显白霉。

（2）发病特点　病原菌以菌丝和菌核在土壤中越冬。病菌腐生性强,病残体分解后病菌也可在土壤中腐生存活2～3年。菌丝能直接侵入寄主,通过雨水、灌溉水、粪肥、农具进行传播、蔓延。病菌对温度要求不严,病菌的适宜生长温度为24℃,最高温度40℃左右,最低温度13℃左右,在12℃以下或30℃以上病菌生长受到抑制。高温、高湿利于病菌生长,忽高忽低的温、湿度会加重病情。当幼苗生长过密、间苗不及时、老化衰弱、温度偏高、通风透光条件差时,易引发此病。

（3）防治方法　①农业防治:采用无病土或基质护根育苗,减少伤根;苗床地施用腐熟有机肥,适当增加钾肥;视墒情对苗床地浇水,忌床土忽干忽湿,控制好苗床温度,防止苗床温度忽高忽低。注意合理放风,控制苗床或育苗盘湿度与温度,促进根系生长;发现病株及时拔除并带离育苗地集中处理。②化学防治:要进行种子消毒,可用30%甲霜·噁霉灵可湿性粉剂进行拌种,只能干拌,不可湿拌和闷种,用药量为种子重量 0.2% ~ 0.3%，或用 95% 噁霉灵可湿性粉剂 3 000 倍液或 15% 噁霉灵水剂 600 倍液，浸种 2 ~ 4 小时，晾干直接播种。若用苗床撒播育苗，播种前苗床要充分翻晒，旧苗床必须进行苗床土壤处理。每平方米可用 50% 的多菌灵可湿性粉剂 8 ~ 10 克，先将药粉与少量细土混合均匀进行撒施，为避免药害，应保持土壤湿润。若用营养土进行穴盘或营养钵育苗，每立方米营养土加入 30% 噁霉灵水剂 150 毫升或 95% 噁霉灵可湿性粉剂 30 克，充分拌匀后装入穴盘或者营养钵进行育苗。发病初期可用 40% 甲基硫菌灵悬浮剂 500 倍液，或 15% 噁毒灵水剂 450 倍液进行喷雾防治，注意药液必须喷洒均匀。

3）疫病（彩图 3）

（1）发病症状　此病苗期及成株期均可发生，主要危害叶片与茎秆。苗期幼茎受害，初呈水渍状暗绿色，后腐烂呈灰褐色或黑褐色僵缩，视幼茎木质化程度，病苗呈猝倒状或立枯状死亡。成株期叶片染病，初呈水渍状暗绿色近圆形小斑，后迅速扩大为不规则黑褐色斑，易腐烂，发病与健康部位分界不明显。成株期茎秆受害，患部呈水渍状，湿度大时表面出现稀疏白色粉状霉，病部以上叶色变淡、萎垂，终呈黑褐色枯萎。果实染病，多从果蒂部开始，呈暗绿色水渍状，果肉软腐，果面出现白色粉状霉，晴天病果失水干缩，果皮变皱，成僵果挂在枝上或脱落。

（2）发病特点　病菌以菌丝体、卵孢子在土壤中或病组织中越冬，卵孢子或游动孢子借助灌溉水、雨水溅射而传播，作为初侵染接种体，从孔口或直接侵入致病。发病后病部产生孢子囊及游动孢子（无性态孢子）作为再次侵染接种体，借助雨水溅射侵染致病。病菌发育适宜温度为 23 ~ 31℃，并需要高湿条件。高温多雨有利于发病，降水量多的年份往往发病重。连作地、低湿排水不良地、土质黏重地，或植地宽畦低洼、浅沟，或偏施、过施氮肥，或种植过密等均易发病。

（3）防治方法　①农业防治：选用抗病品种，种子严格消毒，培育无菌壮苗；定植前 7 天和当天，分别细致喷 2 次杀菌保护剂，做到无病苗下地，减少病害发生。实行轮作，深翻改土，结合深翻，增施有机肥料、磷、钾肥和微肥，适量施用氮肥，改善土壤结构，提高保肥保水性能，促进根系发达，植株健壮。加强栽培管理，提高植株自身的适应性和抗逆性，提高光合效率，促进植株健壮，调控好植株营养生长与生殖生长的关系，增强抗病能力。②化学防治：定植前要搞好土壤消毒，结合翻耕，每亩喷洒 96% 噁霉灵可混性粉剂 3 000 倍液喷雾防治，也可每亩撒施 70% 敌磺钠·可溶粉剂或 68% 甲霜·锰锌可湿性粉剂 2.5 千克，杀灭土壤中残留病菌。定植后，每10～15天喷洒1次1∶1∶200等量式波尔多液进行保护，防止发病（不要喷洒开放的花蕾和生长点）。每喷洒2次波尔多液，喷1次5 000倍芸薹素内酯液，效果更佳。据河南农业职业学院和河南省粮源农业发展有限公司试验，采用75%肟菌·戊唑醇水分散粒剂4 000倍液喷雾防治，10天喷施1次，连续防治4次，效果显著，比对照药剂70%代森锰锌可湿性粉剂防效提高14.6%。如果已经开始发病可选用以下药剂：70%甲霜灵·锰锌可湿性粉剂或70%三乙膦酸铝·锰锌可湿性粉剂500倍液，或75%百菌清可湿性粉剂800倍液等。以上药液需交替使用，以便提高药效，增强植株的抗逆性能，提高防治效果。

4）绵腐病

（1）发病症状　苗期即可发生，主要在近地面的茎基部，初呈暗褐色病斑，后逐渐扩大，稍缢缩腐烂，其上有白色绢丝状的菌丝体长出，而导致植株死亡。成株期主要危害果实，引起果腐，在潮湿条件下病部生大量白霉，果实失去食用价值。

（2）发病特点　病菌对苗期进行初侵染，可引致猝倒病。再侵染由病部产生的孢子囊和游动孢子，借助雨水溅射至植株瓜果上，引起绵腐病，并不断地重复侵染。病菌对温度适应范围较广，10～30℃均能生长发育和危害；要求空气相对湿度在95%以上，孢子囊萌发释放出游动孢子需有水层，病害容易发生。高湿度和水是发病的决定因素。因此本病多发生在雨季阴雨连绵天气，雨后积水，湿气滞留，发病重。

（3）防治方法　①农业防治：选择地势高燥，排水良好地块种植；地势低平，应高畦栽培，最好地膜覆盖。注意种植密度不要过密，及早搭架，整枝打杈，中期适度打去植株下部老叶，降低株间湿度。合理施肥，避免偏施、过施氮肥，增施钾肥，雨后排水，确保雨后、灌水后地面无积水。②化学防治：发病初期可用25%甲霜灵可湿性粉剂800倍液，或64%噁霜·锰锌（杀毒矾）可湿性粉剂500倍液，或40%三乙膦酸铝可湿性粉剂300倍液，或58%甲霜灵·锰锌可湿性粉剂500倍液，或72.2%霜霉威盐酸盐（普力克）水剂800倍液，或72%霜脲·锰锌（克露）可湿性粉剂500倍液，或30%碱式硫酸铜（绿得保）悬浮剂500倍液喷雾防治。

5）炭疽病（彩图4）

（1）发病症状　此病主要危害叶片、茎枝和果实，果实易出现花皮椒。被害果实被侵染后，初期出现圆形或椭圆形稍凹陷的褐色果斑，随后斑面出现轮纹状排列的小黑点，湿度大时转呈朱红色小点，严重时易引起果腐，导致果实呈褐色、黑褐色腐烂，腐烂部密生小黑点或朱红色小点，不能食用。病果在田间或在储运期间均可发生，椒果在晾晒前期，由于果实的水分还较大，如遇阴雨天气，产生的危害有时可能更为严重，常引起更大损失。叶片染病，出现圆形至不规则形病斑，边缘褐色，稍隆起，中部灰褐至灰白色，斑面轮纹明显或不明显，病叶易脱落。茎枝染病，枝段变灰褐色至灰白色枯死，其上密生小黑点，病枝段上部的叶片枯萎。

（2）发病特点　由于引起病源菌种类的不同导致果腐的炭疽病症状稍有差异，从表现特征上分为黑色炭疽病、黑点炭疽病和红色炭疽病3种。病菌均以菌丝体及分生孢子盘随病残体遗落在土中越冬，或以菌丝体潜伏在种子内或以分生孢子黏附在种子上越冬。以分生孢子作为初侵与再侵接种体，依靠雨水溅射而传播，从伤口或表皮侵入致病。高温多湿的天气及田间环境与储运环境有利于发病，任何使果实损伤的因素都有利于发病，偏施、过施氮肥会加重发病，果实越成熟越易发病。

（3）防治方法　①农业防治：选用抗病品种，开发利用抗病资源，培育抗病高产的新品种，一般辣味强的品种较抗病，可因地制宜选择使用。合理密植，使朝天椒封行后行间不郁闭，避免连作，发病严重地区应与非茄科作物进行轮作2～3年；适当增施磷、钾肥，促使植株生长健壮，提高抗病力；低洼地种植要做好开沟排水工作，防止田间积水，以减轻发病。及时采果，炭疽病菌为弱寄生菌，衰老的、受伤的果实易发病，及时采果可避免发病。果实采收后，清除田间遗留的病果及病残体，集中烧毁或深埋，并进行一次深耕，将表层带菌土壤翻至深层，促使病菌死亡，可减少初侵染源、控制病害的传播。②物理防治：从无病株采收种子，作为播种材料。如疑种子有带菌，可用55℃温水浸种10分，进行种子处理。③化学防治：化学防治是控制炭疽病发生和蔓延的最有效手段，科学用药、注意用药时期是防治辣椒炭疽病的关键。首先，定植前要搞好土壤消毒，结合翻耕，每亩喷洒96%噁霉灵可湿性粉剂300倍液50千克，也可每亩撒施70%敌磺钠可溶粉剂，或68%甲霜灵·锰锌可湿性粉剂2.5千克，杀灭土壤中残留病菌。定植后，每10～15天喷洒1次1：1：200等量式波尔多液，进行保护，防治发病（注意不要喷洒在开放的花蕾和生长点上）。每喷施2次波尔多液，喷施1次500倍芸薹素内酯溶液，效果更好。其次，在炭疽病发病前期，可喷50%多菌灵可湿性粉剂500倍液、80%代森锰锌可湿性粉剂400倍液，或50%甲基硫菌灵可湿性粉剂700倍液进行防治，5～7天喷施1次，连喷2～3次；也可喷施45%咪鲜胺水乳剂1 500倍液，或40%苯醚甲环唑悬浮剂3 000倍液，或43%戊唑醇悬浮剂2 000倍液进行防治，喷药要均匀，每隔7天喷1次，连喷3次为最佳。

6）枯萎病（彩图5）

（1）发病症状　此病一般多在开花、结果期陆续发病。病株下部叶片脱落，茎基部及根部皮层呈水渍状腐烂，根茎维管束变褐，终至全株枯萎。潮湿时病茎表面生白色或蓝绿色的霉状物。通常病程进展缓慢，从发病至枯萎历时20天以上，据此及其病状有别于细菌性青枯病。

（2）发病特点　病菌以菌丝体厚垣孢子在土中越冬，可进行较长时间的腐生生活。在田间，病菌从须根、根毛或伤口侵入，在寄主根茎维管束繁殖蔓延，并产生有毒物质随输导组织扩散，毒化寄主细胞，或堵塞导管，致叶片发黄。主要通过灌溉水传播，也可随病土借风传播。病菌发育适宜温度24～28℃，最高37℃，最低17℃，遇适宜发病条件病程2周即可造成死株，潮湿或水渍田朝天椒易发病，特别雨后积水，发病更重。土壤偏酸（pH 5.0～5.6）、连作、移栽或中耕伤根多、植株生长不良等，有利于此病发生。

（3）防治方法　①农业防治：选用抗病品种，与非茄果类作物实行2～3年的轮作，减少病源。重施有机肥，多施磷、钾肥，少施氮肥，避免施用未经充分腐熟的土杂肥。实行高垄栽培，提倡节水、节肥的排灌系统，切忌大水漫灌、浇水时间过长，提高植株根系活力。坚持"提早防，及早治"的原则。②化学防治：定植及开花结果初期病害发生前，可用铜氨合剂（用硫酸铜0.5千克加氨水10千克混匀，或用硫酸铜0.5千克加碳酸氢铵3.75千克混匀后，再加氢氧化钙1千克混合，置于容器内密闭24小时）600～800倍液喷防2～3次。发病初期可用50%多菌灵可湿性粉剂500倍液，或95%噁霉灵可湿性粉剂4 000倍液，或21.4%柠铜·络氨铜水剂800倍液，也可用4%嘧啶核苷类抗菌素水剂300～400倍液加70%甲基硫菌灵可湿性粉剂100倍液灌根，每穴灌药量0.15～0.2千克。视病害发生的严重程度，连续用药2～3次。

7）早疫病

（1）发病症状　此病从苗期到成株期均可发生。主要危害叶片、茎秆，苗期发病多在叶尖或顶芽产生暗褐色水渍状病，引起叶尖和顶芽腐烂，手感光滑，幼苗上部腐烂后，形成无顶苗，甚至烂至床土面。成株期叶片发病，病斑呈圆形，黑褐色，有同心轮纹，潮湿时有黑色霉层；茎秆受害，有褐色凹陷椭圆形的轮纹斑，表面生有黑霉。

（2）发病特点　在郁闭闷湿的条件下极易发病。发病中心多在低洼积水、土壤黏重处。灌水过勤、土壤含水量高则发病重；重茬地块、植株长势衰弱时发病重。

（3）防治方法　①农业防治：选用抗病性强的品种，实行高垄窄畦栽培，双行栽苗于垄上，栽苗高度以灌水时不漫过根基为度，有条件的覆膜栽培；施足基肥，密度适当，合理用水，避免大水漫灌，雨后排水，有条件的实行滴灌可减轻病害发生。实行轮作，重病田与豆科、十字花科等非茄科作物进行2～3年以上轮作。及时摘除病果，清除病残体。②物理防治：种子消毒，种子可以在播种前用55℃温水浸种，但要注意温水浸种时要不停搅拌，以防烫伤种子。③化学防治：首先，培育无病壮苗，苗床消毒可采用15%噁霉灵水剂800～1 000倍液进行苗床喷雾，或者用3%甲霜·噁霉灵水剂300～500倍液苗床均匀喷雾，或者用80%噁霉·福美双可湿性粉剂1 000倍液喷淋或拌细土制成药土，撒于苗床。其次，发病初期可选用70%烯酰·嘧菌酯，或80%烯酰吗啉水分散粒剂2 500倍液，或72%霜脲·锰锌可湿性粉剂500～1 000倍液喷雾，隔7～10天喷1次，连续喷2～3次。最后，注意不同药剂合理轮换使用，尤其要注意保护性杀菌剂和内吸性杀菌剂之间的交替使用或混用，既可以有效延缓病菌抗药性的产生，又能提高防治效果。

8）白星病

（1）发病症状　朝天椒白星病辣椒整个生长期均可发病，受害严重时可造成大量叶片脱落导致减产。朝天椒白星病主要危害叶片，苗期和成株期均可染病；叶片染病，从下部老熟叶片起发生，并向上部叶片发展，发病初始产生褪绿色小斑，扩大后成圆形或近圆形，边缘褐色，稍凸起，病、健部明显，中央白色或灰白色，散生黑色粒状小点，即病菌的分生孢子器。田间湿度低时，病斑易破裂穿孔。发生严重时，常造成叶片干枯脱落，仅剩上部叶片。田间湿度低时，病斑易破裂穿孔。

（2）发病特点　病菌喜高温、高湿的环境，发病适宜温度范围8～32℃；最适发病环境温度为22～28℃，空气相对湿度95%；最适感病生育期为苗期到结果中后期。发病潜育期7～10天。病菌以分生孢子器随病株残余组织遗留在田间或潜伏在种子上越冬。在环境条件适宜时，分生孢子器吸水后逸出分生孢子，通过雨水反溅或气流传播至寄主植物上，从寄主叶片表皮直接侵入，引起初次侵染。病菌先侵染下部叶片，逐渐向上部叶片发展，经潜育出现病斑后，在受害部位产生新生代分生孢子，借风雨传播进行多次再侵染，加重危害。

（3）防治方法　①农业防治：合理轮作，提倡与非茄科蔬菜隔年轮作，以减少田间病菌来源。清洁田园，及时摘除病、老叶，收获后清除病残体，带出田外深埋或烧毁，深翻土壤，加速病残体的腐烂分解。合理密植，深沟高畦栽培，雨后及时排水，降低地下水位，适当增施磷、钾肥，促进植株健壮，提高植株抗病能力。②化学防治：发病初期可喷80%代森锌可湿性粉剂700～800倍液，或50%琥胶肥酸铜可湿性粉剂500倍液，或30%碱式硫酸铜悬浮剂500～600倍液，或50%异菌脲（扑海因）可湿性粉剂1500倍液喷雾防治，每7天喷施1次，连续防治2～3次。

9）白粉病

（1）发病症状　此病仅危害叶片，病叶正面初生褪绿小黄点，以后扩展为边缘不明显的褪绿黄色病斑，随着病害的发生，病部背面产出白色粉末状物，同时病部组织变褐坏死。条件适宜时，短期内白粉迅速增加，覆满整个叶部，叶片大量脱落，形成光秆，严重影响辣椒产量和品质。

（2）发病特点　病菌孢子在15～30℃均可萌发和侵染，在温度为20～25℃，空气相对湿度85%时易流行，主要靠风雨传播。病害发生对空气相对湿度要求较低，在25%～40%就可侵染发病。高温高湿和高温干旱交替出现时病害最易发生和蔓延。

（3）防治方法　①农业防治：选用抗病品种。加强栽培管理，在设施栽培中要加强通风、透光，管理上避开适宜发病的温、湿度，防止过于干旱和过湿。加强肥水管理，防止植株徒长或早衰，增强植株抗病性。②化学防治：发病初期，可喷施15%三唑酮可湿性粉剂1000～1500倍液，或40%多硫悬浮剂（灭病威）500倍液、50%硫黄悬浮剂300倍液、50%甲基硫菌灵可湿性粉剂1000倍液等。7天喷1次，严重时4天1次，连喷3次，集中药剂可交替使用，还可用硫黄粉和百菌清烟剂熏烟防治。

10）茎基腐病

（1）发病症状　此病多在幼苗定植后发生。茎基部发生暗褐色不规则病斑，向左右、上下扩展，使茎基部皮层坏死，缢缩变细，地上部叶片萎蔫变黄，整株枯死。朝天椒进入初花期，植株生长加快，加上气温多变，连绵阴雨，易感茎基腐病，从大苗开始发生，定植后更加严重。表现为在茎基部近地面处发生病斑，绕茎基部发展，致皮层腐烂，地上部叶片逐步变黄，因营养与水分供应不上而逐渐萎蔫枯死。发生的原因是土壤潮湿，同时连作造成病菌积累，茎基部因农事操作产生伤口致使病菌侵入等。

（2）发病特点　病菌以菌丝或菌核在土中越冬，腐生性强，能在土中存活2～3年，发育适宜温度20～40℃，最高42℃，最低14～15℃，在适宜的环境条件下，直接侵入危害。苗床温暖潮湿，通风不畅，幼苗徒长，生长衰弱，均易引起病害发生。

（3）防治方法　①农业防治：选择排水良好的地方种植，处理好排水工作，挖好排水沟，雨后及时排除田间积水。在幼苗后要注意多施磷、钾肥，切忌偏施氮肥，以增强抗病能力。②化学防治：发病初期，用0.5%小檗碱水剂（青枯立克）100～150毫升+大蒜油15毫升+根基宝50毫升对水15千克进行灌根（同时喷雾效果更佳）连用2～3次，3天施药1次；病情控制后，转为预防。

11）根腐病

（1）发病症状　此病在定植前后的幼苗易发生，主要危害茎基部及维管束，感病的枝和片变黄萎，茎内维管束褐变，土壤相对湿度大或生育后期茎基部或根茎部腐烂，皮层易剥离或自行脱落，终致植株萎蔫、枯死。

（2）发病特点　病菌以厚垣孢子、菌核或菌丝体在土壤中越冬，成为翌年主要初侵染源，病菌从根颈部或根部伤口侵入，通过雨水或灌溉水进行传播和蔓延。地势低洼、排水不良、田间积水、连作、植株根部受伤的田块发病严重。

（3）防治方法　①农业防治：避免施用未经充分腐熟的土杂肥。小水勤浇，既保证植株水分的供应，又避免根系正常呼吸受阻。②化学防治：发病初期用21.4%柠铜·络氨铜水剂600倍液，或如40%甲硫·福美双可湿性粉剂300～400倍液，或56%甲硫·噁霉灵可湿性粉剂600～800倍液进行灌根，隔7～10天施药1次，连续防治2～3次。

2. 细菌性病害

1）疮痂病

（1）发病症状　该病又称细菌性斑点病，主要危害叶片、茎秆和果实，幼苗染病。叶片染病，初生水渍状黄绿色或黄褐色小斑点，近圆形或不规则形，边缘暗褐色，稍隆起，中部色浅，稍凹陷，表面粗糙像疮，有时病斑反面有黄褐色菌脓，受害严重时，病斑连片、破裂，最后叶片脱落，有时叶片畸形。茎枝染病，初为水渍状不规则条斑或斑块。扩展后互相连接，呈暗褐色，隆起，纵裂呈疮痂状。果实染病，初生褐色隆起小点，渐扩大成1～3毫米的稍隆起疮痂斑，病斑边缘有裂口，有水浸状晕环，潮湿时，可溢出菌脓。茎部染病，生水渍状暗褐色条斑，病斑稍隆起，纵裂呈溃疡状疮痂斑。

（2）发病特点　病原为细菌，主要在种子上或随病残体遗落在土中越冬。病菌借助灌溉水、雨或害虫而传播，从气孔或伤口侵入致病。高温多湿，尤其在台风或风雨频繁的年份和季节有利于发病。地势低湿,通透不良,或偏施氮肥,或植株生长势差等,易发病。

(3)防治方法 ①农业防治:深翻土壤,加强松土、追肥,促进根系发育,提高植株抗病力,并注意氮、磷、钾肥的合理搭配,提倡施用充分腐熟的有机肥或草木灰、生物菌肥。高垄栽培,避免田间积水,雨后及时排水。实行轮作,与非茄科蔬菜轮作2～3年。②物理防治:种子消毒,种子先用冷水浸2～3小时后,用55℃温汤浸种或用0.1%高锰酸钾溶液浸种5分,洗净药剂后,再浸泡10小时左右,然后催芽播种。③化学防治:发病初期用3%中生菌素可湿性粉剂800倍液,或20%噻菌铜悬浮剂700倍液喷雾防治,7～8天1次,连续防治2～3次。

2)软腐病(彩图6)

(1)发病症状 朝天椒软腐病主要发生在未成熟和未变色的青果及茎、叶上,特别是虫蛀果上发病率很高,几乎所有的朝天椒田间或轻或重均有软腐病发生,危害严重的地块,可减产30%以上。果实发病,初为水渍状暗绿色,外观看果皮完好,后期变褐色,最明显的特征是果实发软,果肉腐烂发臭,因而称之为软腐病。失水后干缩,果皮白化,挂在枝蔓上,稍遇外力即脱落。叶片发病,初现褪色小斑,逐渐扩大呈淡黄色不规则形圆斑,后变为半透明、中央稍凹陷而薄的斑块,边缘略隆起。茎枝发病,病斑纺锤形,中央呈灰色,边缘黑色。叶片和茎枝发病腐烂后均会发臭。

(2)发病特点 朝天椒软腐病是由胡萝卜软腐欧文杆菌和胡萝卜软腐病致病型引起,属细菌,此病菌可以分离朝天椒细胞中间层,使朝天椒组织腐烂变质,并产生恶臭,适宜温度27～30℃,缺氧条件下也能生长发育,不耐干旱和光照,脱离寄主单独在土壤中只能存活半个月左右。病菌随病残体在土壤中越冬,成为翌年侵染源,在田间通过喷灌、漫灌或雨水飞溅使病菌从伤口侵入,染病后病菌又可通过烟青虫、棉铃虫及风雨传播,使病害在田间蔓延。

(3)防治方法 ①农业防治:朝天椒软腐病发生严重地块,应与非茄科作物及十字花科蔬菜进行两年以上轮作;朝天椒收获后及时把病株、病果、病残体带出田外深埋或烧毁;选择抗病品种;加强田间管理,深翻土,合理密植,下雨后及时排水,加强通风透光。保护地栽培要加强放风,防止棚内湿度过高。②化学防治:雨前雨后及时喷药,可用3%中生菌素可湿性粉剂800倍液,或33.5%喹啉铜悬浮剂60～80毫升/亩,或48%琥铜·三乙磷三酸铝可湿性粉剂500倍液,或47%春雷·王铜(加瑞农)可湿性粉剂600倍液。

3）细菌性叶斑病（彩图7）

（1）发病症状　此病在田间点片发生，主要危害叶片。成株叶片发病，初呈黄绿色不规则水浸状小斑点，扩大后变为红褐色或深褐色至铁锈色，病斑膜质，大小不等。干燥时，病斑多呈红褐色。该病扩展速度很快，一株上个别叶片或多数叶片发病，植株仍可生长，严重的叶片大部脱落。细菌性叶斑病病健交界处明显，但不隆起，别于疮痂病。

（2）发病特点　病原在种子和病残体上越冬，在田间借风雨或灌溉水传播，从叶片伤口处侵入，雨后易发病。高温高湿时蔓延快，排水不良，土壤贫瘠缺肥的地块，发病重。棚室内没有进行熏蒸消毒或消毒不彻底，棚室内的病残体清理不净，种子带菌，在播种前没有进行种子消毒；棚室内灌水后没有及时通风排湿，引起棚室内高温高湿；前茬收获后土壤不进行深翻暴晒直接进行下一茬的栽培，都容易引发病害。

（3）防治方法　①农业防治：实行合理轮作，与非茄科蔬菜轮作2～3年；前茬蔬菜收获后及时彻底地清除病菌残留体，结合深耕晒垡，促使病菌残留体腐解，加速病菌死亡。定植前要平整土地，深翻土壤，北方宜采用垄作，南方采用高厢深沟栽植。雨后及时排水，防止积水，避免大水漫灌；发现病叶及时清除到室外深埋或烧毁。②化学防治：选用无病种子和种子消毒，播前用种子重量0.3%的50%敌磺钠可湿性粉剂拌种可有效防止朝天椒细菌性叶斑病的发生。发病初期开始喷洒50%琥胶肥酸铜可湿性粉剂500倍液，或14%柠铜·络氨铜水剂300倍液，或46%氢氧化铜（可杀得3 000）可湿性微粒粉剂1 000倍液，或1∶1∶200波尔多液，隔7～10天1次，连续防治2～3次。

4）青枯病

（1）发病症状　该病多在朝天椒开花期间发生，发病初期植株顶部几张叶片开始萎蔫，中午前后极为明显；傍晚至天明和阴雨天顶部叶片恢复正常，反复多日后，田间病株增多，萎蔫逐渐加剧，叶片萎蔫自上而下蔓延，造成全株萎蔫。叶片变黄不及枯萎病严重（这些有别于枯萎病），从发病至整株死亡一般5～7天，雨天多时延长至10天左右。病茎维管束变褐色，病重的植株如将病茎做横切面检查，略加挤压，有乳白色菌液溢出（即菌脓），病株茎下部常有不定根出现。检查青枯病的简易方法是，切取一小段病茎，撕去表皮，放于玻璃管或小杯中，注入清水，静置几分后，可见有污浊物（细菌）从病茎下方切口涌出，逐渐扩散于水中，即可确定为青枯病，这有别于枯萎病。

（2）发病特点　青枯病是由青枯假单胞杆菌引起的细菌病害。病菌随病残体在土壤或种子上越冬，冬暖大棚内栽培朝天椒时，也可在植株上存活。农事操作造成的植株茎部伤口以及昆虫、线虫造成的根部伤口都可引起土壤中细菌侵入。病害在田间借灌溉水传播到茎基部引起发病。高温高湿有利于发病，春季气温回升后出现发病高峰。低洼积水、通气不良、黏重土壤、植株生长瘦弱时发病重，灌水和培土后更易造成病害流行。

（3）防治方法　①农业防治：实行轮作，与非茄科蔬菜轮作，最好与瓜类或禾本科作物轮作，不要与茄科蔬菜相互接茬栽种；选种抗病品种；调整土壤酸碱度，病田可结合整地每公顷撒施消石灰 250 ~ 1 500 千克，调整酸性土质为微碱性，可抑制青枯菌的生长，减轻危害；及时拔除病株，并向病穴内灌 20% 福尔马林液或 20% 石灰水进行消毒。②化学防治：出现病株时，可喷洒 3% 中生菌素可湿性粉剂 800 倍液，或 33.5% 喹啉铜悬浮剂 60 ~ 80 毫升 / 亩，或 46% 氢氧化铜（可杀得 3 000）可湿性微粒粉剂 1 000 倍液，每隔 7 ~ 8 天喷药 1 次，连喷 3 ~ 4 次。可用 0.5% 小檗碱水剂（青枯立克）1 000 倍液，或 50% 代森锌可湿性粉剂 1 000 倍液，或 50% 琥胶肥酸铜可湿性粉剂 500 倍液灌根，每株灌药液 500 毫升，隔 10 ~ 15 天灌 1 次，连灌 2 ~ 3 次。

3. 病毒病（彩图 8）

1）发病症状　在朝天椒整个生育期内均可能发病，而且是多种病毒复合侵染，症状较为复杂，主要危害叶子和果实。常见的发病症状有 3 种类型：第一种表现为花叶型，开始时植株心叶叶脉失绿，叶出现明显黄绿相间的花斑，逐渐形成深浅不均的斑驳、叶面皱缩，或产生褐色坏死斑；第二种表现为丛型，染病后幼叶狭窄、严重时呈线状，后期植株上部节间短缩呈丛状；第三种表现为条斑型，染病后叶片主脉呈褐色或黑色坏死，沿叶柄扩展到侧枝和主茎，出现系统坏死条斑，常造成早期的落叶、落花、落果，严重时整株枯死。果实染病，果面出现黄绿不均的花斑、紫色条斑，严重时果实僵化，形成疣状凸起，干制时形成花皮椒。

2）发病特点　已发现的朝天椒病毒病病原有黄瓜花叶病毒、马铃薯 Y 病毒、苜蓿花叶病毒、辣椒斑驳病毒、烟草蚀纹病毒、马铃薯 X 病毒和蚕豆萎蔫病毒。主要由蚜虫、白粉虱传播，经由汁液接触传播侵染。通常高温干旱，蚜虫、白粉虱、烟粉虱、蓟马等盛发时危害严重；多年连作，低洼地，缺肥或施用未腐熟的有机肥，均可加重病毒病的危害。

3）防治方法 ①农业防治：选用抗病品种，清洁田园，避免重茬，可与葱蒜类、豆科和十字花科蔬菜进行 3 ~ 4 年轮作。②物理防治：利用银灰色膜避蚜、黄板诱蚜。用 10% 磷酸三钠溶液浸泡种子消毒，播种前先用温水浸泡 3 ~ 4 小时，再放入磷酸三钠溶液中浸泡 20 ~ 30 分，然后用清水冲洗干净，捞出沥去多余水分后播种催芽。③化学防治：苗期注意防止日灼，勤浇小水，定植前 10 ~ 15 天喷洒 25% 助壮素水剂 2 500 倍液，以防徒长，促矮壮，增强对病毒的抵抗力；用 25% 噻虫嗪水分散粒剂 1 500 ~ 7 500 倍液提前 3 ~ 5 天灌苗盘或灌根，有效期可达 20 ~ 30 天，并能促苗壮根，提高对病毒病的抗性。定植前 1 ~ 3 天，对秧苗进行喷药预防，2% 宁南霉素水剂 300 倍液混加 20% 吗胍·乙酸铜可湿性粉剂 500 倍液，混加芸薹素内酯 6 000 倍液，连续喷施 2 ~ 3 次，防病效果良好。发病初期可用 6% 寡糖·链蛋白（中保阿泰灵）可湿性粉剂 800 ~ 100 倍液，也可采用 2% 香菇多糖 500 ~ 600 倍液喷洒，每 7 天喷洒 1 次，连喷 3 ~ 4 次。

4. 生理性病害

1）沤根

（1）发病症状 沤根非病理性病害，而是一种生理性病害。病初白天萎，早、晚复原，容易拔出、根部不发新根和不定根，根皮发锈，须根或主根部分或全部变褐色至腐烂。

（2）发病特点 朝天椒生长发育适宜温度 20 ~ 30℃，适宜地温为 25℃，温度越低生长越差，低于 18℃ 根的生理机能下降，生长不良，到 8℃ 时根系停止生长，此间低温持续时间长，连阴天多，光照不足或湿度大就会发生沤根。

（3）防治方法 在管理上对症下药，注意加大通风量，减少棚内空气相对湿度。畦面整平，严禁大水漫灌，浇后及时中耕，避免过早过深地进行根际培土。避免用杀菌剂之类的农药进行大量喷洒，否则会加重沤根。若发生轻微沤根，应及时划锄松土，以提高地温，增强土壤透性。

2）日灼病（彩图 9）

（1）发病症状 非病理性病害，是一种生理性病害，主要发生于果实。被害果实向阳面发生大片脱色病斑，病斑变干后呈革质状，变薄，组织坏死，变硬，还可被其他腐生菌侵染，出现褐色或黑色霉层而致果腐。

（2）发病特点 由于果实受强烈日光照射所致。果面暴晒在阳光下，使果实局部受热，表皮细胞被灼伤而发生日灼。早晨果面出现露珠，阳光直射经水珠聚光作用，灼伤果实表面细胞，易诱发日灼病。通常土壤缺水或天气过度干热，或雨后暴热，或植株密度过稀，或当朝天椒受病毒病、蚜虫及类危害等，皆易诱发日灼病。

（3）防治方法　①农业防治：朝天椒种植要及时浇水，均衡供水，改善田间小气候，具体防治措施有以下3种。首先，采用生态防治，通过合理密植，使叶片互相遮阴，避免果实暴露在外，当然也可以用遮阳网对朝天椒进行覆盖，避免直射果实；经研究发现，朝天椒与玉米间种的辣椒日灼病发病率为45%，隔行在垄沟种玉米的发病率为60%，单种朝天椒的发病为85%，因此通过种植高秆作物改变朝天椒生长环境对朝天椒日灼病的防御效果显著。②物理防治：用地膜对朝天椒地进行覆盖，既可以保持土壤中的水分，又可以减少土壤中钙质等养分的淋失；生产上适时灌水，特别是在朝天椒结果后要及时均匀浇水，防止高温对朝天椒的危害，减少日灼病的发生；选用抗日灼病品种，从源头上对日灼病进行防御；及时防治，对"三落病"（落叶、落花、落果）要及时防治，避免朝天椒早期落叶，减少日灼病的发生。③化学防治：朝天椒着果后每隔5~7天喷洒1%过磷酸钙，或者0.1%氯化钙，或0.1%硝酸钙水溶液1次，连续喷施2~3次，喷施药剂时最好在15时后喷施；另外，喷0.2%四硼酸钠水溶液，既可以加速花器官的发育，促使花粉萌发以及花粉管的生长和授粉能力，又能有效降低日灼病的发病率。

3）脐腐病

（1）发病症状　该病主要危害果实，被害果实通常在花器残余部分及其附近出现褐色坏死斑。初现暗绿色水渍状斑，后扩大并转呈黄白色或淡褐色，不规则，横径可达2~3厘米，甚至扩至半个椒果。有的果实会在病健交界处开始变红，提前成熟。患部组织皱缩，表面稍下陷，常伴随弱寄生或腐生真菌的侵染，而呈黑褐色或黑色，内部果肉也可变黑但仍坚实，如遭软腐菌侵染则致果实软腐。

（2）发病特点　脐腐病在高温干旱条件下易发生，水分供应失常是诱发此病的主要原因。当植株前期土壤水分充足，但植株进入生长旺盛时水分骤缺，原来供给果实的水分被叶片夺取，致使果实突然大量失水，引起组织坏死而形成脐腐。也有人认为是植株不能从土壤中吸取足够的钙素，致脐部细胞生理紊乱，失去控制水分的能力而发病。此外，土壤中氮肥过多，营养生长旺盛，果实不能及时补充钙也会发病。经测定含钙量在0.2%以下易发病。

（3）防治方法　①农业防治：定植前施肥以有机肥为主，结合施用过磷酸钙。

多施基肥，使钙处于容易被吸收的状态。不能施用未腐熟的有机肥，避免烧根。定植朝天椒时，带坨移植，不伤根，以免影响水分和养分的吸收。适度适时追肥和浇水，尤其在植株进入结果期，务必使养分和水分得到均衡供应，使植株稳生稳长，提高抗逆力，可减少脐腐病的发生。灌水时间要在早、晚温度较低时进行，避免在高温干旱的中午浇水。②物理防治：在常发生脐腐病的地方应采用地膜覆盖栽培，可保持土壤水分的相对稳定，并可减少多次浇水引起钙的流失。③化学防治：通过根外追肥，定期或不定期喷施 1% 过磷酸钙浸提液，或 1% 氯化钙 1 000 倍液，或 1% 硝酸钙 1 000 倍液，2 ~ 3 次，隔 7 ~ 15 天喷施 1 次，可减轻脐腐病的发生。

（二）主要虫害的防治技术

1. 棉铃虫（彩图 10）

1）危害特点　以幼虫蛀食蕾、花、果为主，也危害嫩茎、叶和芽。花蕾受害时，苞叶张开，变成黄绿色，2 ~ 3 天后脱落。幼果常被吃空或引起腐烂而脱落，成果虽然只被蛀食部分果肉，但因蛀孔在蒂部，便于雨水、病菌侵入引起腐烂，果实大量被蛀会导致果实腐烂脱落，造成减产。

2）形态特征　成虫体长 14 ~ 18 毫米，翅展 30 ~ 38 毫米，灰褐色。前翅中有一环纹褐边，中央有一褐点，其外侧有一肾状纹褐边，中央有一深褐色肾形斑；肾状纹外侧为褐色宽横带，端区各脉间有黑点。后翅黄白色或淡褐色，端区褐色或黑色。卵直径约 0.5 毫米，半球形，乳白色，具纵横网络。老熟幼虫体长 30 ~ 42 毫米，体色变化很大，由淡绿至淡红至红褐乃至黑紫色。头部黄褐色，背线、亚背线和气门上线呈深色纵线，气门白色。两根前胸侧毛连线与前胸气门下端相切或相交。体表布满小刺，其底座较大。蛹长 17 ~ 21 毫米，黄褐色。腹部第五至第七节的背面和腹面有 7 ~ 8 排半圆形刻点。臀棘 2 根。

3）防治方法　①农业防治：冬前翻耕土地，浇水淹地，减少越冬虫源。根据虫情测报，在棉铃虫产卵盛期，结合整枝，摘除虫卵烧毁。②物理防治：杨树把诱蛾，棉铃虫成虫对半枯萎的杨树枝把散发的气味有趋性，因此田间插树枝把能很好诱杀棉铃虫成虫，一般能减少产卵量的 40% ~ 50%。每亩插树枝把不少于 20 个，均匀分布，在蛾高峰到来前 10 天插到田头，坚持每天清晨带露水收蛾，每 7 天换一次把，在蛾高峰后 10 天，换下的树枝把及时烧毁。黑光灯诱蛾，利用棉铃虫的趋光性，在椒田安装黑光灯、高压汞灯或其他灯具诱捕成虫。特别是高压汞灯诱杀棉铃虫效果显著，可降低落卵量60%～80%，对2代棉铃虫的诱杀效果最好。距高压汞灯越近，落卵量越低，诱杀效果越好。③化学防治：当百株卵量达20～30粒时即应开始用药，如百株幼虫超过5头，应继续用药。一般在果实开始膨大时开始用药，可用4.5%高效氯氰菊酯水乳剂40～60克/亩，或5%高效氯氟氰菊酯微乳剂1500倍液，每周1次，连续防治2～3次。

2. 烟青虫（彩图11）

1）危害特点　以幼虫蛀食花蕾、果实，也危害茎、叶和芽。果实被蛀引起腐烂而大量落果，是造成减产的主要原因，严重时蛀果率达30%以上。

2）形态特征　成虫体长15～18毫米，翅长24～33毫米，体色较黄，前翅正面肾状环状纹及各横线清晰，中横线向后斜伸，但不达环状纹正下方，后翅黑褐色宽带内侧有条平行线。腹部黄褐色，腹面一般无黑色片。卵扁半球形，高约0.4毫米，宽约0.45毫米，卵孔明显，卵壳上有网状花纹，老熟幼虫体长40～50毫米，体表密布不规则的小块及圆锥状短而钝的小刺，两根前胸侧毛的连线远离前胸气门下端。蛹赤褐色，长17～20毫米，体前段显得粗短，气门小而低，很少突出。

3）防治方法　①农业防治：耕作灭蛹，冬耕及春耕均可以消灭大量越冬蛹，压低越冬虫源基数；田间化蛹期，结合田间管理可进行锄地灭蛹或培土闷蛹；秋耕翻地，也可消灭部分越冬蛹，且能阻止成虫羽化出土，使其窒息。②物理防治：一是利用成虫趋黑光灯特性，有条件的地方于成虫盛发期，在田间安装黑光灯诱杀成虫有一定的防治效果。二是在烟青虫发蛾高峰期，可用杨树、柳树、洋槐树等树枝把诱蛾。三是在烟青虫成虫发生期间，用烟青虫性诱剂诱杀雄蛾，可降低雌蛾产卵量。③化学防治：防治烟青虫必须将幼虫消灭在蛀果前，一旦幼虫蛀入果实，药剂防治的效果很差。因此，确定最佳防治适期显得尤其重要。在卵孵化盛期至2龄幼虫期喷药防治，可将幼虫消灭在蛀果之前。当成虫量开始突然增加时，表明进入发蛾盛期，经过3～5天即为田间产卵盛期，再过3～4天即为幼虫孵化盛期。可选用药剂有90%敌百虫结晶800～1000倍液，或50%辛硫磷乳油1000倍液，或5%虱螨脲乳油（美除）1000倍液，或24%甲氧虫酰肼悬浮剂（美满）1000倍液，或2.5%多杀霉素悬浮剂（菜喜）1500倍液、2%阿维苏发可湿性粉剂（菜发）1000倍液，或5%氟虫腈悬浮剂（锐劲特）2000倍液等。以上药剂任选一种交替使用。

3. 白粉虱（彩图 12）

1）危害特点　成虫和若虫吸食植物汁液，被害叶片失绿、变黄、萎蔫，甚至全株枯死。此外，由于其繁殖力强，繁殖速度快，种群数量庞大，群聚危害，并分泌大量蜜液，严重污染叶片和果实，往往引起煤污病的大面积发生，使果实失去商品价值。

2）形态特征　成虫体长 0.9 ~ 1.4 毫米，淡黄白色或白色，雌雄均有翅，全身披有白色蜡粉，雌虫个体大于雄虫，其产卵器为针状。白粉虱蛹壳卵形或长椭圆形，长约 1.64 毫米，宽约 0.74 毫米，有时蛹壳大小变化很大，淡黄色半透明或无色透明。背盘区中央稍向上隆起，整个蛹壳面覆盖白色棉状蜡丝。

3）防治方法　①农业防治：培育无虫苗。育苗前铲除杂草、残株，彻底熏杀育苗温室内残余虫口，通风口要安装纱网，杜绝白粉虱进入。培育无虫苗，将其定植到清洁的经熏杀的生产温室中去。②物理防治：利用白粉虱成虫对黄色有激烈趋向性的特色，在白粉虱发作初期，将涂有黏油或蜜汁的黄色板，挂在保护地内行间植株上方，诱杀成虫。③化学防治：移栽时穴施 5% 吡虫啉颗粒剂，每株 2 ~ 4 粒，持效期可长达 80 天。在白粉虱发作虫口密度尚低的初期，可用 25% 噻虫嗪水分散粒剂 2 500 ~ 7 500 倍液，或 20% 甲氰菊酯乳油 2 000 倍液喷雾，对若虫和成虫均有防效。若将昆虫成长调节剂 25% 噻嗪酮可湿性粉剂 1 000 ~ 1 500 倍液与上述菊酯类药混合使用，既能快速控制种群的发展，又可维持较长的效果；也可在保护地内，每亩用 22% 敌敌畏烟剂 500 克，或 30% 白粉虱烟剂 320 克熏杀。要轮换用药，在虫害较多的时候添加有机硅或矿物油。

4. 蚜虫（彩图 13）

1）危害特点　蚜虫喜在朝天椒叶面上刺吸植物汁液，造成叶片卷缩变形，植株生长不良，影响生长，并因大量排泄蜜露、蜕皮而污染叶面。并能传播病毒病，造成的损失远远大于蚜虫的直接危害。蚜虫分泌的蜜露还会诱发煤污病、病毒病并招来蚂蚁危害等。翌年春季越冬寄主发芽后，越冬卵孵化为干母，孤雌生殖 2 ~ 3 代后，产生有翅胎生雌蚜，4 ~ 5 月迁飞危害。随后繁殖，5 ~ 6 月进入危害高峰期，6 月下旬后蚜量减少，但干旱年份危害期多延长。10 月中下旬产生有翅的性母，迁回越冬寄主。一般以春、秋季危害较重，温暖地区全年可以孤雌胎生繁殖。

2）形态特征　目前已经发现的蚜虫共有 10 个科，约 4 400 种。蚜虫的大小不一，身长 1 ~ 10 毫米不等。前翅 4 ~ 5 斜脉。

3）防治方法 ①农业防治：适当早播，可使蚜虫发生危害期在植株长大以后出现，从而减轻蚜虫的危害程度；结合中耕打去老叶、黄叶，去除病虫苗，并带出田外加以处理。朝天椒收获后迅速杀死田间杂草，可以使杂草上的蚜虫自然死亡，减少后茬虫源。②物理防治：地表覆盖银灰色塑料薄膜或黑色膜，以驱避蚜虫；用黄板或者诱虫带诱蚜，插或挂于行间并于朝天椒植株顶部持平。③化学防治：在朝天椒苗期，蚜虫发生较少时，可采用持效期较长的药剂以控制蚜虫的危害，可以采用以下杀虫剂进行防治：240克/升螺虫乙酯悬浮剂 4 000 ~ 5 000 倍液，或10%烯啶虫胺水剂 3 000 ~ 5 000 倍液，或3%啶虫脒乳油 2 000 ~ 3 000 倍液，或10%氟啶虫酰胺水分散粒剂 3 000 ~ 4 000 倍液，或10%吡虫啉可湿性粉剂 1 500 ~ 2 000 倍液，或25%噻虫嗪可湿性粉剂 2 000 ~ 3 000 倍液，对水均匀喷雾，视虫情 7 ~ 10 天 1 次。在朝天椒结果期，田间蚜虫发生较重时，可施用速效性较好、持效期较短的药剂来防治蚜虫，可以采用以下杀虫剂进行防治：2.5%高效氯氟氰菊酯乳油 1 000 ~ 2 000 倍液，或 2.5%溴氰菊酯乳油 1 000 ~ 2 500 倍液，或 4.5%高效氯氰菊酯乳油 2 000 ~ 3 000 倍液，对水均匀喷雾，视虫情 5 ~ 7 天 1 次。

5. 茶黄螨（彩图 14）

1）危害特点 成、幼螨集中在朝天椒的幼芽、嫩叶、花、幼果等幼嫩部位刺吸汁液，尤其是尚未展开的芽、叶和花器。被害叶片增厚、变小或变窄，叶背呈黄褐色、油渍状，叶缘向下卷曲。幼茎变褐，丛生或秃尖。花蕾畸形，果实变褐色，粗糙，无光泽，出现裂果，植株矮缩。由于虫体较小，肉眼常难以发现，且危害症状又和病毒病或生理病害相似，生产上要注意辨别。

2）形态特征 卵长约 0.1 毫米，椭圆形，灰白色，半透明，卵面有 6 排纵向排列的泡状凸起，底面平整光滑。幼螨近椭圆形，躯体分 3 节，足 3 对。若螨半透明，菱形，是一静止阶段，被幼螨表皮所包围。雌成螨长约 0.21 毫米，体躯阔卵形，体分节不明显，淡黄至黄绿色，半透明有光泽，足 4 对，沿背中线有一白色条纹，腹部末端平截。雄成螨体长 0.19 毫米，体躯近六角形，淡黄至黄绿色，腹末有锥台形尾吸盘，足较长且粗壮。

3）防治方法 ①农业防治：合理轮作和间作，茶黄螨在田间发生的轻重差异性较大，主要与农田轮作有关，凡轮作田块，由于改变了作物相，破坏了茶黄螨的越冬场所，减少越冬虫口基数，发生危害就轻；连作田块，积累了茶黄螨的越冬虫口基数，有利于螨类在早春寄主作物上繁殖，发生危害就重。实行因地制宜的轮作、减少虫源是控制危害的有效方法。在常年发生较重的田块，应避免与玉米、豆科作物间作，杜绝来自中间寄主的虫源，也是减轻危害的一项措施。加强田园清洁，在冬、春季节铲除田间、田埂、路边、沟边等处的杂草，以减少越冬虫口基数，从而减轻危害。②化学防治：在发生初期可选用20%双甲脒乳油1 000～1 500倍液，或15%哒螨灵乳油1 500～3 000倍液，或5%唑螨酯悬浮剂2 000～3 000倍液，或1.2%烟碱·苦参碱乳油1 000～2 000倍液，或5%噻螨酮乳油2 000～3 000倍液，或30%嘧螨酯悬浮剂2 000～3 000倍液，或50%溴螨酯乳油1 000～2 000倍液，对水喷雾，为提高防治效果，可在药液中加洗衣粉，并采用淋洗式喷药。喷药时，重点喷洒植株上部的幼嫩部位，如嫩叶背面、嫩茎、花器、幼果等。

6. 红蜘蛛（彩图15）

1）危害特点　红蜘蛛主要危害朝天椒的叶、茎、花、果实，使受害部位水分减少，表皮失绿变白，叶表面呈现密集苍白的小斑点，叶面变为灰白色，卷曲发黄等现象，植株生长减慢、长势弱、挂果少、果实小、品质差，直至不结果，矮缩枯死。

2）形态特征　红蜘蛛为螨类害虫，雌螨椭圆形，深红色；雄螨体色变深，体侧出现明显的块状色斑；卵圆球形，光滑，越冬卵红色，非越冬卵淡黄色，较少。

3）防治方法　①农业防治：铲除田边杂草，保持田间卫生，及时摘除枯枝、老叶和有虫叶并集体烧毁。适时浇水施肥，保持田间适当湿度。②化学防治：在发病初期可用2.5%联苯菊酯乳油1 500倍液，或20%双甲脒乳油1 000倍液喷雾，打药时喷头斜向上喷叶背面，5～7天施药1次，连续防治2～3次。

7. 蓟马（彩图16）

1）危害特点　蓟马以成虫和若虫锉吸朝天椒植株幼嫩组织（枝梢、叶片、花、果实等）汁液，被危害的嫩叶、嫩梢变硬卷曲枯萎，叶面形成密集小白点或长形条，植株生长缓慢，节间缩短；嫩果被害后会硬化，严重时造成落果，严重影响产量和品质。

2）形态特征　体长0.5～2毫米，黑色、褐色或黄色；头略呈后口式，口器锉吸式，能锉破植物表皮，吸吮汁液；触角6～9节，线状，略呈念珠状，一些节上有感觉器；翅狭长，有长而整齐的缘毛，脉纹最多有两条纵脉；足的末端有泡状的中垫，爪退化；雌性腹部末端圆锥形，腹面有锯齿状产卵器，或呈圆柱形，无产卵器。

3）防治方法　①农业防治：早春清除田间杂草和枯枝残叶，集中烧毁或深埋，消灭越冬成虫和若虫。②物理防治：利用蓟马趋蓝色的习性，在朝天椒田间设置蓝色粘虫板,诱杀成虫,粘虫板高度与朝天椒顶部持平。③化学防治:点片发生时可用10%吡虫啉可湿性粉剂3 000倍液,或25%噻虫嗪水分散粒剂1 500倍液,或5%啶虫脒可湿性粉剂2 500倍液,或1.8%阿维菌素乳油3 000倍液喷雾防治。如果没有覆盖地膜,药剂最好同时喷雾植株中下部和地面,因为这些地方是蓟马若虫栖息地,同时用25%噻虫嗪水分散粒剂3 000~5 000倍灌根效果更佳。

8. 蛴螬(彩图17)

1)危害特点 在地下食萌发的种子、咬断幼苗根茎,致使朝天椒全株死亡,严重时造成缺苗。

2)形态特征 蛴螬体肥大,体形弯曲呈C形,多为白色,少数为黄白色。头部褐色,上颚显著,腹部肿胀。体壁较柔软多皱,体表疏生细毛。头大而圆,多为黄褐色;刚毛左右对称,其数量的多少常为分种的特征,如华北大黑鳃金龟的幼虫为3对,黄褐丽金龟幼虫为5对。蛴螬具胸足3对,一般后足较长。腹部10节,第十节称为臀节,臀节上生有刺毛。

3)防治方法 ①农业防治:不施未腐熟的有机肥料,精耕细作,清除田间杂草。②物理防治:设置黑光灯诱杀成虫,减少蛴螬的发生数量。③化学防治:发现有虫害时用50%辛硫磷乳油1 000倍喷于细土上拌匀制成毒土,顺垄条施,随即浅锄,或将该毒土撒于种沟或地面,随即耕翻或混入肥中施用。

9. 蝼蛄

1)危害特点 蝼蛄通常栖息于地下,夜间和清晨在地表下活动,对朝天椒幼苗伤害极大,咬食幼苗根部,是重要地下害虫。蝼蛄潜行土中,形成隧道,使朝天椒幼根与土壤分离,因失水而枯死。

2)形态特征 蝼蛄体狭长、头小、圆锥形。复眼小而突出,单眼2个。前胸背板椭圆形背面隆起如盾,两侧向下伸展,几乎把前足基节包起。前足特化为粗短结构,基节特短宽,腿节略弯,片状,胫节很短,三角形,具强端刺,便于开掘。内侧有一裂缝为听器。前刺短,雄虫能鸣,发音镜不完善,仅以对角线脉和斜脉为界,形成长三角形室。

3)防治方法 ①农业防治:施用充分腐熟的有机肥料,可减少蝼蛄产卵。②物理防治:利用蝼蛄趋光性特点,在闷热天气,20~22时用黑光灯诱杀。③化学防治:在做苗床前,50%辛硫磷乳油1 000倍喷于细土上制成毒土,充分拌匀后撒于苗床上,可兼治蝼蛄和蛴螬及地老虎。

10. 小地老虎

1）危害特点　小地老虎主要以幼虫危害朝天椒植株近地面的茎部，幼虫行动敏捷，有假死习性，对光线极为敏感，受到惊扰即蜷缩成团，白天潜伏于表土的干湿层之间，夜晚出土从地面将朝天椒幼苗植株咬断拖入土穴，或咬食未出土的种子，幼苗主茎硬化后改食嫩叶和叶片及生长点。

2）形态特征　小地老虎卵为馒头形，直径约0.5毫米，高约0.3毫米，具纵横隆线。初产乳白色，渐变黄色，孵化前卵一顶端具黑点。蛹体长18～24毫米，宽6～7.5毫米，赤褐有色。口器与翅芽末端相齐，均伸达第四腹节后缘。腹部第四至第七节背面前缘中央深褐色，且有粗大的刻点，两侧的细小刻点延伸至气门附近，第五至第七节腹面前缘也有细小刻点；腹部端具短臀棘1对。幼虫，圆筒形，老熟幼虫体长37～50毫米，宽5～6毫米。头部褐色，具黑褐色不规则网纹；体灰褐至暗褐色，体表粗糙，布大小不一而彼此分离的颗粒，背线、亚背线及气门线均黑褐色；前胸背板暗褐色，黄褐色臀板上具两条明显的深褐色纵带；腹部1～8节背面各节上均有4个毛片，后两个比前两个大1倍以上；胸足与腹足黄褐色。成虫，体长17～23毫米，翅展40～54毫米。头胸部背面暗褐色，足褐色，前足胫、跗节外缘灰褐色，中后足各节末端有灰褐色环纹。前翅褐色，前缘区黑褐色，外缘以内多暗褐色；基线浅褐色，黑色波浪形内横线双线，黑色环纹内有一圆灰斑，肾状纹中部有一楔形黑纹伸至外横线，中横线暗褐色波浪形，双线波浪形外横线褐色，不规则锯齿形亚外缘线灰色，其内缘在中脉间有3个尖齿，亚外缘线与外横线间在各脉上有小黑点，外缘线黑色，外横线与亚外缘线间淡褐色，亚外缘线以外黑褐色。后翅灰白色，纵脉及缘线褐色，腹部背面灰色。成虫对黑光灯及糖、醋、酒等趋性较强。

3）防治方法　①农业防治：早春清除菜田及周围杂草，防止小地老虎成虫产卵。如发现1～2龄幼虫，则应先喷药后除草，以免个别幼虫入土隐蔽。清除的杂草，要远离菜田，沤粪处理。②物理防治：用糖醋液诱杀成虫。③化学防治：小地老虎1～3龄幼虫期抗药性差，且暴露在寄主植物或地面上，是药剂防治的适期，可用25%溴氰菊酯乳油3 000倍液，或90%敌百虫乳油800倍液，或50%辛硫磷乳油800倍液喷雾防治。

（三）主要杂草及防除技术

朝天椒田间的杂草发生种类和密度不同，主要分为禾本科杂草、阔叶杂草、莎草等几类，危害程度也有所不同。朝天椒苗期田间杂草要有婆婆纳、牛繁缕、荠菜、苣荬菜、泽漆、猪殃殃、宝盖草和小藜等杂草，还有少量禾本科杂草。朝天椒生长期田间杂草主要有马唐、狗尾草、千金子、牛筋草、旱稗、狗牙根、反枝苋、刺苋、马齿苋、香附子和看麦娘等。

防治方法：直播田，播前土壤用960克/升精异丙甲草胺乳油50～60毫升/亩、240克/升乙氧氟草醚乳油30～50毫升/亩、250克/升噁草酮乳油80～100毫升/亩等处理，播后出苗前喷施33%二甲戊灵乳油50～75毫升/亩，或72%异丙甲草胺乳油50～75毫升/亩，或20%萘丙酰草胺乳油75～120毫升/亩。如果要禾阔双封的话，以上药剂再复配上24%乙氧氟草醚乳油10～20毫升/亩，或25%噁草酮乳油75～100毫升/亩，或50%扑草净可湿性粉剂100～150克。但需要注意以下几点：第一，力求把地整平，避免种子裸露或播种过浅，产生药害。第二，每亩30～40千克药液，力求喷洒均匀，不重喷。第三，药剂量不宜随意增加。第四，尽量看天气播种和喷药，避免喷药后出苗时遇连续阴雨造成药害，出苗前后也不宜浇水。第五，对于覆膜田，不建议把药液直接喷在膜下，以免出苗后发生药害。对于移栽田，可在定植前1～3天亩喷施33%二甲戊灵乳油150～200毫升，或72%异丙甲草胺175～250毫升，或20%萘丙酰草胺乳油200～300毫升，或25%噁草酮乳油75～100毫升。但需要注意，定植操作的时候尽量不翻动土层。生长期间如果有杂草出现，只能每亩施用10.8%高效吡氟氯禾灵乳油20～40毫升，或10%精噁唑禾草灵乳油50～75毫升，在杂草3片展叶以后茎叶喷雾，除治禾本科杂草。

总之，不论直播田还是移栽田，春季土壤温度较低，阔叶杂草出土较早，以封闭性除草剂控制一年生阔叶杂草为主。夏季生长期间禾本科杂草较多的时候，再喷施针对禾本科杂草的茎叶处理剂。另外，在气温较高、土壤墒情较好时，可适当减少用药量；相反，在气候干燥、土壤较干时，应适当增加用药量。

八、采收及采后处理技术

（一）采收

1. 果实成熟的标准 大多数朝天椒浆果的颜色成熟时是红色的，因此其果实成熟的标准是色泽深红，手摸果实发软，一般开花到成熟 50 ~ 65 天，果实转红后，并未完全成熟，需要再等 7 天左右。

2. 采收方式 朝天椒采收一般分为田间分批采收和一次性整株采收。

1）田间分批采收 艳椒 425、艳椒 465 等无限分枝类型，随着分枝的增生逐步出现蕾、花、果，朝天椒果实成熟时间不一致。与牛角椒、羊角椒等类似，植株下部椒果已经成熟，上部还在开花，这些品种的朝天椒可进行田间分批采收。无限分枝类型的春茬朝天椒，均适合分批采摘，不但可以减少养分消耗，增加产量，而且可以赶早上市，经济效益提升明显。

2）一次性整株采收

（1）人工收割 人工收割是先把成熟的朝天椒椒棵拔秧或割秧后，把朝天椒秧子平放在田间晾晒 3 ~ 4 天（具体晾晒时间根据天气状况），把椒果含水率由收获时的 50% ~ 70% 降低到 18% ~ 20%，在晾晒过程中要防止椒果发霉变质、褪色或破碎，如遇到降水，要继续晾晒 1 ~ 2 天才能运输。在田间晾晒干后，再把椒果从朝天椒棵上摘下来，此种采收方法劳动强度大，生产效率低，适合当地有闲置劳动力的地方采用。

（2）机械收割 目前，河南省粮源农业发展有限公司发明了"手推小辣椒收割机"，该机械工作时，由操作人员手推收割机到成熟的椒棵的一侧，启动汽油机。汽油机的动力轴带动切割片旋转，随着手推小辣椒收割机前进，旋转的切割片将椒棵的根部切断并倒向一侧，实现了对椒棵的快速收割，其结构简单，使用方便，劳动强度小，提高了生产效率。

（3）机械脱摘　传统的方法把椒果从辣椒棵上摘下来，都是利用人工，需要较多的人工和时间，成本高。利用机械采摘朝天椒，每亩费用只需400元，如果采用人工采摘每亩则需投入人工费用1 000元左右，所以，机械采摘不仅可以每亩节约收获费用600元，而且还可以有效缓解劳动力紧张的局面，有效减轻农民的劳动强度。

（二）干制

为了便于朝天椒长距离运输和长期储存，通常利用自然条件或者人工措施将朝天椒干制，降低椒果的含水率。为了保证干制朝天椒的商品性和经济效益，减少其花壳率、白壳率，因此要求朝天椒鲜果外观品质好，不能染霉菌腐烂、变色。

1. 自然干制

1）整株晾晒　整株晾晒是指将朝天椒植株与果实一起晾晒，使果实含水率降低到18%～20%，在晾晒过程中要防止果实发霉变质、褪色或破碎。具体的晾晒方法可采用挂秧晾晒法，即利用房屋和院墙，拴牢铁丝或绳子，也可在大树和木桩之间拉上铁丝或绳子。将朝天椒每10株左右在基部用绳捆扎好，搭在铁丝或绳子上晾晒，晾晒点要远离公路，一般晾晒15～25天，当手摇朝天椒秧子，能听到朝天椒籽撞击朝天椒壁的声音时，结束晾晒，按收购商的标准就是摘椒，进入椒果晾晒阶段。

2）晾晒椒果　将采摘下来的椒果及时放在苇席、苫布、无毒塑料薄膜上晾晒，摊放的厚度不宜超过10厘米，晾晒过程中每天要用木棒或竹棍搅动4～5次（每隔两个小时搅动一次），傍晚要堆成堆，盖上塑料布，防止着露水。晾晒5～7天，在干果含水率降到12%时，立即停止晾晒。

2. 人工干制　在收朝天椒时遇到阴雨天气时，为了解决晾晒问题，可人工干制。人工干制是利用各种能源提供热能，在人工控制的条件下，形成气流流动环境，从而促进果实水分蒸发，实现干燥的目的。人工干制不受气候条件限制，能迅速减少物料中的水分，显著缩短干制时间，减少腐烂。干制品的品质好，色泽鲜艳，能提高产品的商品等级。人工干制所用干制设备有烘房和干制机，其成本比自然干制高。

1）烘房　烘房适于大量生产，设备费用较低，操作管理简易。在干制过程中，提高温度后，必须注意将烘房内饱和湿空气排除，换入干燥空气，使空气相对湿度迅速下降，以便加快干燥速度，提高烘烤效果。一是升温蒸发。将烘房温度升至 85 ~ 90℃，然后送入椒果，在 30 分内使室温下降 20 ~ 25℃。再加温，使室温保持在 60 ~ 65℃，持续 8 ~ 10 小时。二是通风排湿。当烘房内相对湿度达到 70% 以上时，开始打开天窗和地窗通风排湿。湿度降低，停止通风，继续升温，再通风。每次通风时间为 5 ~ 15 分，视烘房中相对湿度的高低决定通风时间。高温蒸发期，椒果的含水率由 85% 逐渐降低到 68% ~ 70%。当含水率降低，通风后温度变化不大时，加大通风量，减小火力，防止发焦。三是倒盘。将烘房内下层烘架上的烘盘与中部的烘盘互相调换，调换时，要翻动烘盘内的根果，使其受热均匀。四是发汗，又称机械脱水。当温度达到 60 ~ 70℃ 时，椒果能弯曲，但不断裂。将其从烘房中取出，进行发汗。可将椒果倒入竹筐或堆于室内水泥地上，压紧压实，盖上草帘（或竹席）和塑料薄膜，压实。每堆 50 千克左右。当堆中心椒果温度降低到 45 ~ 50℃ 时，停止发汗，将其迅速装盘，送入烘房，继续干燥。控制温度为 55 ~ 60℃，持续 10 ~ 12 小时即可。五是回软，即均湿或水分平衡。干制结束后，将其压紧盖严，堆积 2 ~ 4 天，使干椒干湿一致，产品变软，以便包装。干制好的成品干椒，含水量 (14.5 ± 0.1) %。

2）烘干机　辣椒烘干机的使用提高了朝天椒果实烘干速度和品质，解决了阴雨天的晾晒问题。目前，一些公司生产的辣椒烘干机节能环保、操作方便、智能控制程度高、密封性干燥，安装便利，占用面积小，接近自然晒干。烘干的果实色泽鲜艳，不黑边，成色均匀一致，成品率高。熟练掌握烘干工艺后，甚至比自然干燥品质更加优秀。

（三）分级

在摘椒和椒果晾晒时，要根据产品的规格和质量分类摘椒和晾晒，在出售时还要进行最后的精选分级，实现优质优价，提高经济效益。依据辣椒干的国家标准，参考国外对朝天椒的等级规格要求，一般将无柄朝天椒分为红椒一级品、红椒二级品、二红椒、青椒一级品、等外品 5 个等级。

1. 红椒一级品　该等级的朝天椒数量最大，只要生长正常，加工方法正确，70% 以上的朝天椒都能达到要求。精选分级先把带有色斑、霉变、破碎、不同品种或者自然变异产生的过大、过小、过粗、过细，比例不协调朝天椒各个品种特征的椒果挑拣出来，放到等外品的容器中去。把颜色不够鲜红的朝天椒挑出来，放到二级品容器中去。把不符合一级品要求的椒果全部挑拣出去后，剩下的就是无柄红椒一级品。

2. 红椒二级品 该等级的朝天椒数量占比总产量的 5% ~ 10%。红椒二级品挑拣分级的方法与一级品基本相同。二级品与一级品朝天椒的差别主要表现在色泽上的差异，二级品颜色淡于一级品。

3. 二红椒 该等级的朝天椒数量小，该占比总产量的 3% ~ 5%，主要是指红色不够深的椒果，这类椒果成熟度低，价格差，挑拣时容易区分。

4. 青椒一级品 该等级的朝天椒数量很少，该占比总产量的 1% ~ 2%，主要是指没有成熟的青椒。一般长势良好的朝天椒没有青椒，多是种植较晚或者受灾结果不能成熟才会发生。无柄青椒一级品晾晒精选程序和方法与红椒一级品基本相同，不过要把红色、橘红、黄色灯颜色椒果分拣出去，把带有色斑、霉变、破碎、不同品种的青椒都分拣出去。把不符合一级品要求的椒果全部挑拣出去后，剩下的就是无柄青椒一级品。

5. 等外品 该等级的朝天椒数量占比不大，该占比总产量的 8% ~ 10%。等外品主要质量要求是控制水分含量，无柄朝天椒含水率要求在 14% 以下。

（四）储存

朝天椒采摘、干制、分级工作完成后，有的立即卖掉了。在价格不理想的年份或种植比较分散的地区就有可能进行短期的储存。

椒果达到商品的干燥度要求（含水率 14% 以下）后，有利于抑制病原菌对果实的侵染，同时能够抑制果实体内酶的活性，达到长期保存、利用的目的，这是进行干椒储存的前提。另外，储存环境应干燥、通风、透气性好，禁止露天存放。禁止与有毒、有污染和潮湿物品混储。储存期要定期检查，每 7 ~ 10 天定时通风，排除室内潮气，防止椒体霉烂变质。

因为朝天椒散发强烈的辛辣味，对人、畜的呼吸道有强烈的刺激作用，故家庭的储存间应与人、畜居住的地方分开。储存椒果用透气性好的麻袋、塑料编织袋装好后，不要直接堆放在地上，而应在地上垫一层木头或石、砖等材料，与地面间形成一个透气空间。储存朝天椒的房间还应进行适当的避光处理，因为在强光的长期照射下，朝天椒的红色素会逐新分解、降低商品的品质。储存间的环境温度最好为20 ~ 25℃。需要注意的是，家庭不宜长年储存，随着存放期的延长，果实的重量减轻，色泽变浅，经过夏季高温季节后，一般会降低1 ~ 2个商品等级。分期晒干后的椒果也可放在稍厚一点的塑料袋或筒内密封储存，放到阴凉干燥处，这样存放的椒果保质保色好。